成就员工事业成功的金钥匙，推动企业效益提升的发动机。

做一名员工 同样大有作为

杜正梅◎编著

中国言实出版社

图书在版编目(CIP)数据

做一名员工同样大有作为/杜正梅编著.
—北京:中国言实出版社,2010.10
ISBN 978-7-80250-333-5

Ⅰ.①做…
Ⅱ.①杜…
Ⅲ.①职业道德—通俗读物
Ⅳ.①B822.9-49

中国版本图书馆 CIP 数据核字(2010)第 166331 号

出版发行 中国言实出版社

地　址:北京市朝阳区北苑路 180 号加利大厦 5 号楼 105 室
邮　编:100101
电　话:64924716(发行部)　64963101(邮　购)
　　　64924880(总编室)　64914138(四编部)
网　址:www.zgyscbs.cn
E-mail:zgyscbs@263.net

经　　销 新华书店
印　　刷 北京市德美印刷厂
版　　次 2011 年 1 月第 1 版　2011 年 1 月第 1 次印刷
规　　格 710 毫米×1000 毫米　1/16　15 印张
字　　数 200 千字
定　　价 29.80 元　ISBN 978-7-80250-333-5/B·244

前言
Preface

工人，从字形上看，可以理解为"顶天立地的人"，从简意上可以理解为"工作的人"，从政治上可以引深理解是一个阶级，"工人阶级"。而在我国，工人则特指非干部、非农民的一个庞大的劳动者群体。员工其实是"工人"的一种替代称谓，具有鲜明地时代气息。

在我国，工人是国家的主人，是国家建设的主力军。国家建设的每一项成果都有工人的辛勤汗水：第一辆汽车、第一列火车、第一架飞机，第一艘轮船、第一颗卫星、第一艘飞船…… 祖国也给予了工人崇高的地位和极大的荣誉。在那个火热的年代，收音机里播放的是"咱们工人有力量"的铿锵豪迈歌曲，报纸上大量篇幅报道的是铁人王进喜的模范事迹，大街上来来往往都是挺着腰杆扬眉吐气的工人老大哥，每一位工人都有着无与伦比的职业自豪感、职业成就感、职业自信心，更是产生了王进喜、时传祥、孟泰、马恒昌、张秉贵等一大批劳动模范，谱写了一曲曲慷慨的时代壮歌，树立了一个个光荣的工人形象。

时代变迁，岁月远去，虽然现在工人头上的光环似乎逐渐黯淡，工人的职业魅力似乎远远不及以前，但工人依然是建设祖国的主力，是时代的先锋，是民族的脊梁，工人大军在社会主义建设和改革开放中再一次表现出最强大的力量，立下了卓越的功勋，新的时代又涌现出了许振超、李斌、包起帆、徐虎、李素丽、孔祥瑞、窦铁成、王洪军、邓建军等一大批模范工人，他们的事迹广为传扬，他们的成绩得到社会的普遍肯定和人们的高度尊崇，他们也用新一代工人的卓越成就有力地证明了一个事实：新的时代、新的条件下，做一名员工同样大有作为，依然大有作为！

许振超，初中毕业到青岛港当码头工人，练就了"一钩准"、

"一钩净"、"无声响操作"等绝活，当上桥吊队队长后，带领团队先后6次打破集装箱装卸世界纪录，吸引了全球各大船运公司纷纷在青岛港上航线、换大船，使青岛港集装箱吞吐量逼近世界前10强。

李斌，技校毕业后到上海液压泵厂当铣床操作工人，10多年来钻研并运用数控加工和编程技术，成功改进、开发了17台进口数控机床的加工功能，研制成功了55项新产品，创造了2000多万元的效益。

孔祥瑞，在天津港码头从一个原本只有初中文化的工人成为现在拥有150多项大大小小的发明和创新成果、为企业创造效益8000多万元的高级技师。

……

是的，在新的时代，在建设祖国、服务社会的宽广舞台上，在节能减排、开拓创新的广阔天地里，在创先争优、建功立业的大好形势下，做一名员工同样大有作为，同样前途无量，同样可以成为先锋，成为模范，成为专家，只要你努力、勤奋、拼搏、进取，同样可以收获事业的成功，书写人生的辉煌。

目录

Contents

第一章　摒弃自卑，找回自豪，做一名员工同样大有作为

工人，一个响亮的名词，一个受人尊敬的职业。他们是时代的先锋，他们是民族的脊梁。为国家、为人民，他们立下了不朽的功勋；为经济、为社会，他们作出了巨大的贡献。虽然工作普通，劳动的汗水却一样灼灼闪光；虽然岗位平凡，可人生的价值一样熠熠生辉！做一名员工，同样自豪、光荣，同样大有作为！

第二章　立足岗位，敬业有为，平凡的岗位也一样大有作为

没有平凡的工作，只有平庸的工作态度。不论怎样平凡、普通的工作，只要你忠于职守、尽职尽责地去做，把自己的本职工作，自己该做的事做好，做圆满、做到优秀，做到卓越，再平凡的工作也一样可以大显身手，大有作为！

第三章 开拓创新，岗位成才，创造发明，员工大有作为

工作就是员工创新的舞台，岗位就是成才的热土，只要具有开拓创新、勇于创造的精神，积极地想办法，工作就能有办法；主动去找思路，工作就会有招数；小创造、小发明、小改进、小革新、小计策、小方法，都能展现自我、挥洒智慧，让每一个员工都大有作为。

第四章 节能减耗，降本增效，低碳经济，员工大有作为

节能减排就是节约能源、降低能源消耗、减少污染物排放；降本增效就是降低成本，增加效益。说到底，节能减排、降本增效都落在一个字上——省：省能源、省消耗、省成本、省开支。每一个员工都会是低碳节俭的主力军，每一个岗位都可以成为节能降本的支撑点，每一个工作的细节都可以成为节能减排的发力点，每一个小小的改进都可以为企业增加效益，只要用心去做，必然大有作为。

第五章 打造窗口，展现风采，文明服务，员工大有作为

文明服务、微笑服务、优质服务，打造优质服务窗口，不仅是企事业单位形象建设的重要内容，也是广大员工发挥自我才能，展示企业形象的重要平台，提高服务质量、改进服务手段、创新服务内容、端正服务态度、改善服务环

境，都是员工展现风采、创造业绩的广阔天地，每一个员工都可以大有作为。

第六章 创先争优，建功立业，在平凡的岗位上实现自我

宋代苏轼在他的《上两制书》中说："古之圣贤建功立业，创先争优，兴利捍患，至于百工小事之事皆有可观。"不管在什么样的岗位，不管做什么样的工作，不论"百工小事"，皆可大有作为，都可创先争优，建功立业！

第一章　摒弃自卑，找回自豪，做一名员工同样大有作为

工人，一个响亮的名词，一个受人尊敬的职业。他们是时代的先锋，他们是民族的脊梁。为国家、为人民，他们立下了不朽的功勋；为经济、为社会，他们作出了巨大的贡献。虽然工作普通，劳动的汗水却一样灼灼闪光；虽然岗位平凡，可人生的价值一样熠熠生辉！做一名员工，同样自豪、光荣，同样大有作为！

1. 工人阶级是时代的先锋、民族的脊梁

中国工人阶级自产生以来，在中国共产党的领导下，始终坚定地走在时代的前列，以彻底的革命精神和伟大的创造力量，为中华民族的独立、解放和复兴，为社会主义制度的建立、巩固和发展，为改革开放和社会主义现代化建设，推进社会发展进程，做出了不可磨灭的重大贡献，立下了不朽的功勋。

自五四运动工人阶级登上历史舞台以来，中国工人阶级一直站在时代的最前列，一直是中国革命和建设的主力军。他们不仅为中国人民的解放事业作出了巨大的贡献，更为伟大中国的社会主义建设立下了汗马功劳。

从洋货遍地，到世界工厂；从一穷二白，到工业大国。中国以60余年的时间走过了西方发达国家近300年工业化的历程，早已从一个没有工业的农业大国发展成为傲立于世界的工业大国，中国工业的巨大成就更是举世瞩目！惊人的跨越，见证着艰难而辉煌的历程，也展示着中国工人为此作出的巨大贡献。可以说，中国社会主义事业发展的一点一滴中都有中国工人的汗水和心血，都有他们无私的奉献和巨大的付出！

> 打开尘封的记忆，60余年前，当新中国诞生之时，民族工业景象惨淡。“洋火”、“洋灰”等这些从旧时代遗留下来的名称，可以说明一个国家的工业基本处于空白状态。
>
> 根据有关部门的统计，1949年前的100年间，中国工业发展积累下来的固定资产只有可怜的100亿元。
>
> 从三年恢复，到“一五”计划，中国工业在艰难中起步。而在此后的风雨征程中尤其是改革开放之后，中国工业始终站在前列，充当着经济发展的“火车头”。工业总量规模迅速扩大，工业装备技术水平快速提高，国有工业面貌一新，乡镇工业异军突起……目前中国工业产品产量居世界第一位的已有210种。一

个曾经连铁锅都要砸掉炼钢的国度，如今正在为无法消化过剩的生产能力而烦恼；一个曾经的"贫油国"，崛起了一座座石油新城；一个曾把轿车当作奢侈品的国家，如今正在为扩大消费而鼓励汽车下乡。

数据的对比，让我们自豪：1949 年我国钢产量只有 15.8 万吨，不到世界产量的千分之一，如今粗钢产量突破 5 亿吨，占全球产量的近 40%。1949 年我国原油产量只有 12 万吨，2008 年接近 1.9 亿吨，是 1949 年的 1500 多倍。1959 年我国汽车产量只有 1.6 万辆，而 2008 年逼近千万辆大关。

"中国轻工产品目前出口到世界 200 多个国家和地区，中国已成为许多轻工商品的国际制造中心和采购中心，成为重要国际贸易集散地和供应地。"中国轻工业联合会会长步正发说，目前我国自行车、缝纫机、电池、啤酒等 100 多种产品的产量居世界第一，家电、皮革、家具、羽绒制品、陶瓷、自行车等产品占国际市场份额的 50%以上。中国已成为名副其实的工业大国，正在向工业强国迈进。

无数的"第一"，书写着中国工业艰难创造的传奇：1952 年，中国第一台蒸汽机车研制成功；1955 年，中国第一辆拖拉机制造成功；1958 年，中国第一台黑白电视机研制成功；1961 年，中国第一台 1.2 万吨水压机研制成功；1964 年，第一颗原子弹爆炸成功……

新兴产业在不断抢占领先位置。一流公司做标准，二流公司做服务，三流公司做产品。中国开始越来越多地参与国际标准的制定。在 2000 年世界无线电通信大会上，中国自主研发的 TD 成为第三代移动通信国际标准之一，也是我国通信业百年史上第一个拥有自主知识产权的国际标准。2009 年 1 月中国移动获得 TD 牌照，目前已覆盖全国 38 个城市。

而在 60 多年前，中国的电话机也屈指可数，通信产业几乎没有。60 余年来，信息通信网络历经从电报网到电话网，从模拟网到数字网，从国内网到国际网，从语音网到信息网的一次次跨越。目前，中国已经初步形成了国家信息高速公路基本架构。全国固定电话用户超过 8 亿户，手机用户 2010 年已超过 7 亿户！网民人数世界第一，截至 2010 年 6 月底，中国网民规模达到了 4.2 亿，突破了 4 亿大关，较 2009 年底增加 3600 万人，互联网普及率攀升至 31.8%；手机网民规模为 2.77 亿，半年新增手机网民 4334 万。

中国特色电子商务体系正在形成，综合类电子商务服务商成为新兴的信息服务行业，工业电子商务成为主导行业态势的电子商务平台，大企业电子商务成为企业信息化重要组成部分。从 1999 年开始发展起来的网络购物，经过十年的发展，中国网购平台数量已达数十万家，年交易额历史性地突破了 2500 亿元人民币，网购已经成为近亿网民的选择，并成为年轻一族的时尚和潮流。中国最大的网络交易平台淘宝网 2009 年的交易额超过了 2000 亿美元。就在最近，2010 年 9 月 9 日，淘宝网推出奔驰 smart 硬顶车团购，竟受热烈追捧，24 秒售出第一辆，6 分钟售出 55 辆，3 个半小时后 205 辆奔驰 smart 全部告罄，原定持续 21 天的活动提前结束。这是团购网站中最高单价、最快成交的纪录。要知道，奔驰 smart 线下一年的销售也就是 500 辆。

……

60 余年，弹指一挥间，中国工业的发展创造了数不完的奇迹，书写了无数的辉煌！而这一切，无一不与中国工人紧密相连，无一不是中国工人劳动的成果，无一不是中国工人的汗水和心血！没有中国工人，就没有中国的发展；没有中国工人，就没有中国的繁荣和富强！

一个又一个平凡而伟大的员工，一代又一代甘心奉献、乐于付出的普通工人，一次又一次地站在时代的最前列，在企业改革中，在科技攻关中，在各项生产岗位上，艰苦创业，奋发进取，为社会创造了巨大的物质财富和精神财富。他们用自己的辛勤劳动和开拓创新，谱写了如歌如泣的动人篇章，充分展示了中华民族顽强拼搏、自强不息的崇高品格，充分体现了中国工人与时俱进、开拓创新的时代风貌。王进喜、马恒昌、赵国峰、时传祥、李素丽……这些光辉的名字，这些中国工人的模范，正是千千万万个工人的代表，是他们推动了祖国的成长和繁荣，是他们造就了祖国的兴旺和富强，工人阶级是建设祖国最强有力的中坚力量。

伟大的事业造就伟大的阶级，伟大的阶级推动伟大的事业。在新世纪的今天，工人阶级依然是建设祖国的生力军，是创造新世纪的工业强国、构建和谐社会的主力军，依然发挥着巨大的作用。

2.找回作为一名新时代工人的自豪感

长期以来，工人阶级是光荣和自豪的代名词。在新中国建设伊始，在那激情燃烧的岁月，在那热火朝天的年代，工人阶级成为了当之无愧的时代主角。

在北京、在上海、在武钢、在一汽……在共和国工业建设的每一个角落里，都有中国工人火热的激情，都洒下了中国工人辛勤的汗水，都留下了中国工人奋斗的脚印！一个又一个时代的模范、一个又一个光辉的名字，有力地证明了工人阶级作为那个时代最钢硬的脊梁，撑起了共和国的高楼大厦。

在财贸战线，张秉贵以“一团火”精神告诉人们，只要全身心地投入，无论做什么工作都可以干出伟大的事业；

在环卫战线，时传祥以“宁愿一人脏，换来万家洁”的踏实工作，为掏粪工人赢得了全社会的尊敬；

在工业战线，以普通工人名字命名的“倪志福钻头”，让更多的人看到了工人阶级的智慧。

与此同时，包括“毛泽东号”机车组在内的成百上千个先进集体，都为社会建设发展作出了不朽功勋。

伴随着新时代的来临和首都的巨变，工人阶级队伍不断壮大，一代接一代的工人努力工作，传承精神，以新时代劳动模范李素丽、刘俊华等人为代表的新生代工人，高度发扬了中国工人阶级艰苦奋斗、无私奉献、忘我拼搏的崇高精神，为新时代的工人精神注入了新的内容，把新时代的首都建设得更为繁荣和富强。

2008年，奥运盛会在北京举行。数以万计的工人参与到火热的新时代的建设之中，为新北京的建设立下了汗马功劳，建立了卓越的功勋。

也正是在那个火热的年代，中国工人以其巨大的贡献和卓越的功勋受到了全社会的景仰和尊重，工人的地位空前提高，全社会都以当工人为荣，当一名工人成为青年一代最大的理想。

《咱们工人有力量》的歌声是人们关于那个时代的鲜亮记忆，这歌声唱出了作为工人在祖国建设中的地位，唱出了作为工人的自豪和骄傲。《咱们工人有力量》，是工人的心声，也是新中国工人阶级的一首志气歌。伴随着这首歌，人们看到，在中国的大地上，涌现了一大批坚韧不拔、奋勇拼搏的优秀工人，如“老英雄”孟泰、“铁人”王进喜、“知识型工人”米钰林等人。长期以来，广大职工一直是社会的中坚，是时代的先锋，是民族的脊梁。因而《咱们工人有力量》这首歌久唱不衰。

然而，我们不得不承认的是，这样的歌声在今天正逐渐消逝，随着时代的变化和各种思想的强烈冲击，曾经的岁月远去，曾经的激情不再，工人的光荣与梦想、自信与自豪，都在逐渐消失，工人阶级曾经的光环正在逐渐消退，工人阶级的自信和自豪都不复以前。“工人”这一角色，在当代人的心目中似乎也已散淡、模糊。总体上，工人社会地位的下滑，甚至不知为什么让很多人惧怕起来，一提起当工人，就连连摇头，并表示坚决不干。因为当工人就意味着收入低、干活累，被人瞧不起，甚至工人就是失业和下岗的代名词。谁沾染上了工人这个名声，谁就被定性为贫贱、卑微和受人歧视。还会有谁愿意去当工人呢？更别说以做一名工人为荣了。

一项对上海4000户入户调查表明，仅有1%的人愿意做工人，而有99%的人不愿意当工人，更有53.2%的人在接受调查时明确表示，不希望自己的下一代当工人。就连全国十大杰出工人王静侠也不希望自己的孩子将来当工人,最大的愿望是让他搞科研或当企业家。一个如此出色的工人都不希望自己的后代当工人,还有谁愿意当工人呢?可见当前工人的自豪感和地位都在快速地下降。这个结果令太多的人大跌眼镜。要知道,长久以来,工人一直是一个让人羡慕的职业。

这样的调查结果在社会上引起一片哗然。令人奇怪的是,无论社会舆论还是网络声音,几乎都在诉说着人们不愿当工人的种种理由,从工人无权无势无地位的整体分析,到下岗、失业、生活贫困的个案描述,把当工人的哀叹与无奈、对工人这一职业的轻视和鄙夷宣泄得淋漓尽致,甚至发出“明天,谁还来当工人”的呐喊。在这样的一个语境中,工人——这支中国庞大的队伍竟然被定位于生活在社会最底层的“弱势群体”,一句“咱们工人没力量”成了对工人这一职业的嘲讽和对这次调查的总结。

正是由于这一观念的影响,曾以技术人才富有著称的沿海地带和内地的众多工厂,工人技能下滑,高级技工短缺,企业后继乏人,这已成为制约企业振兴和发展的瓶颈。一些企业,30 岁以下的青年技术工人还不到技工总量的 3%。深圳的高级工缺口达 75%。上海对高级技工的需求早已超过研究人员。但是,年轻人面对社会的现实需求依然无动于衷,依然不愿当工人,即便当了工人也懒得学艺,由此引来的一系列问题严重困扰许多地方的经济结构调整、产业升级和经济发展。

有调查显示,我国技工人才短缺的矛盾日益凸显。上海一家民营企业开价 40 万元,请来三位“洋技工”,其中一人年薪高达 70 万元人民币;江苏 28 万元聘不到高级电焊工;杭州月薪 6000 元,3 个月只招到两名技工;黑龙江省数控机床操作工 4000 元月薪无人应聘……类似的现象在全国各地屡见不鲜。我国劳动力市场出现了严重的技术工人短缺,有关人士将其称为“技工荒”现象。

据一份权威数据,在我国技术工人中,初级占 61.5%,中级占 35%,高级占 3.5%,与发达国家高级技工占 30%~40%的比例相去甚远。“买来了进口数控机床,却找不到会开机床的人”

已不是道听途说的笑话，而是可悲的事实。某省的一家企业拿到了不少国际订单，但却因“车工”紧缺，不得不忍痛将这到口的肥肉“吐”了出来。有关部门统计表明，该省企业由于技工缺乏，每年至少要流失1000万美元的订单。

网上曾有这样一条对比鲜明的信息：在深圳，6名硕士生争抢一个职位，而年薪30万元的大厨让不少酒店争抢。

这就是当前工人现实。一方面是99%的人不愿当工人，另一方面是高薪也聘不来有技术的合格工人。究其原因，就因为工人地位的下降和社会观念的转变。

社会观念的转变并非一朝一夕就可以速成的。要找回工人的自豪感，最需要的不是千方百计去改变别人的观点，而是广大工人通过自身的努力，重新找回自尊和自信，重新得到社会的认可和承认，重新赢得大家的羡慕和尊敬。

工人，是我们社会主义建设举足轻重的主要力量。工人没有自豪感，没人愿意从事工人这一职业，我们社会主义的建设将会面临滞缓不前。还工人以自豪感，让更多人都来从事工人这一职业，我们国家才能保持持续发展，才能实现又好又快发展。

要找回工人的自豪感，需要全社会都来关注、关心工人，逐步建立起利益协调机制、诉求表达机制、矛盾调处机制和权益保障机制，保护工人的合法权益，为他们提供良好的工作和生活环境；全社会都来关注、关心工人中的下岗失业、特困工人，及时了解他们的所思、所想、所盼，努力在就业帮扶、生活救助、法律援助、上学资助、医疗健康帮助等方面为他们提供“一条龙”服务，通过多层次、广渠道地实施帮扶救助，让工人真正共享到和谐社会成果；让我们全社会都来关注、关心工人，为工人提供更多的学习机会，让工人有机会享受到良好的教育，逐步提升自身的综合素质，适应社会的挑战。以此来还给工人安全感、幸福感，还给工人自豪感，让新时期的工人在社会主义建设中一如既往地发挥出重大作用。

任何一个时代的任何社会地位，都是需要自己去争取。作为新时代的工人，要找回曾经的自豪感和逝去的地位，必然还要靠自己的努力。我们可以看到，在当前越来越多的新时代的工人，通过自己的努力和奋斗，取得了令人瞩目的成就，一样赢得了全社会的尊重和肯定。许振超、李斌、包起帆、徐虎、罗国洲、白国周、李素丽、王军、王英武、汪焕兴……一个个闪亮的名字，重写书写着工人的光荣，激荡着作为一名工人的自豪和骄傲！

全国劳动模范、全国五一劳动奖章、中央企业知识型先进职工标兵，这些荣誉能获得其中任何一项对于一名普通工人来说，都是一生的荣耀。可是，在中航工业东安有这样一个年轻人，刚三十几岁，就将这些荣誉尽收囊中，并 3 次到人民大会堂领奖，他就是中航工业东安新型产业工人杰出代表、511 车间车工王英武。

技校毕业，16 年不满足地苦学，16 年不服输地钻研，16 年不间断地创新，东安为他提供了成长的舞台，他用满腔的热诚回报东安。隆隆机床前，王英武用知识和智慧描绘精彩的人生，更用实践证明了新时代产业工人的全新价值，诠释着新时代工人的骄傲和自豪。

王英武生于 20 世纪 70 年代中期，这个时代的年轻人大都梦想着当“白领”，而他的身上却有着传统劳模吃苦耐劳、甘于奉献的精神，更有时代所赋予的学习意识和创新意识。“只有学好技术，才能当一名合格的工人！”工人家庭出身的他，受父辈“技术立身”的影响，学习时总比别人勤奋，遇到困难也总有一股从不轻易屈服的劲头。

“王英武爱钻研，悟性好，学得快，还有一股子韧劲。带他实习时，我就看出这小伙子肯定有出息。”说起徒弟，师傅白延明自豪之情溢于言表。实习设备少，实际操作练习就三班倒，许多同学都顶不住，在上夜班时睡觉，可王英武却总是站在机床旁，抓紧时间一丝不苟地练习着加工方法。许多同学都说他傻，说他笨，可就是这个又“傻”又“笨”的人，回回考试成绩总是名列前茅。技校毕业时，王英武的理论和实践总分获哈尔滨市统考第一名。

车工这个活儿，看着简单，其实学问大着呢！俗话说“三分技术七分刀”，活干得好不好全看刀，至于能做成什么样的刀，那就看水平了。王英武就先攻磨刀关，直到能将一把把旧刀、废刀都变为成形刀为止，练就了一手磨刀的“绝活”。在许多同学眼里已经不能用的车刀，到了他的手上依然可以继续加工出合格的零件，并且他磨出的刀具不但好用，外观还十分好看，就像是一件“艺术品”。实习时，为把老劳模白延明擅长的车胶模技术学到手，他反复练了一个多月，终于找出消灭啃刀、卡刀的窍门儿。

一次，白延明要加工一种滚轮，这种零件属于特殊型面，由于加工时得纵向、横向同时进刀，两只手同时往一块儿赶，加工难度较大。当时，他让实习的王英武用这活儿先练一下手感，还特意嘱咐：“用手赶得差不多时，多留点‘肉’，我来细加工。”可当白师傅去了趟调度室后回来一看，王英武自己把活儿干完了。拿样板一量，完全合格，白延明从此对这个小伙子刮目相看。后来，得知王英武毕业分到了自己的车间，白延明找到了王英武的工长为他打“保票”：“王英武是我徒弟，他根本不用再当学徒，可以直接对他考核！”就这样，王英武的实习期被师傅“没收”了。王英武没有让师傅失望，繁重的科研生产也给了他锻炼的机会，他争抢苦活、累活，争干急活、难活，车头不停地旋转，粗糙的毛坯变成了一只只光亮的零件，王英武用百分之百的产品合格率证明了他自己的能力。入厂第一年，他就被评为公司级先进个人。也是在这时，人才辈出的东安打破了资历和工龄限制，授予王英武公司劳动模范称号，王英武受到了莫大的鼓舞和鞭策，学习创新的劲头更足了。

“要干一行爱一行，干一行精一行，不能光苦干，还要巧干！”这是王英武始终激励自己的话，要巧干就必须学习，他把业余时间“交”给了书本，他背英语、啃计算机编程、研究机械加工技术……知识总是毫不吝啬地回馈有心人。正在王英武刻苦钻研技术的时候，公司又为技能工人搭建了岗位成才的舞台，多次组织了岗位练兵和技能大赛，派优秀人员参加省市和上级部门组织的技术运动会，并对大赛中获奖的职工进行重奖，激发了技能工人学技术、长技能的热情。王英武更是把这些大赛看成是能力提升的捷径，经过数次大赛的历练，他不断总结经验，屡屡获得优异成绩，技术水平果真得到了迅速提升，"王英武"这三个字在东安越叫越响。

学习，使这位普通的青年工人实现了职业生涯中的巨大跨越：从一名技校生到高级技师，他只用了 7 年时间。而按常规，工作 8 年才允许考技师，晋升技师 3 年后才有考高级技师的资格。

善于钻研，创新不断发生；善于钻研，价值得到体现。王英武所从事的工装生产，是机械加工行业难度最大的环节，每天接触的几乎都是小批量零活儿，有时甚至只加工一两件。工件设计出来了，咋干？得自己琢磨；对不同形状、不同材料的工件得用不同形状的刀具，可买来的刀具都是固定形状，咋办？得自己改。这些年，王英武用娴熟的技艺，为车间生产解决了无数个关键问题，更用自己的聪明才智，拿出了数十项革新与发明。

一次，车间在加工航空产品专用工具——锥度量规时遇到了难题，该量规只有鸡蛋大小，着色在 90% 以上，而且光洁度要求极高，可由于这种锥度量规角度大，内磨又无法磨制。王英武毛遂自荐，建议精车锥面然后研合。万事都是说起来容易做起来难，真正干起来需要打表一点一点校正，走刀时更要眼到、耳到、手到，要用力均匀，一气呵成，稍不留神就会前功尽弃。王英武边干边琢磨，终于干出了合格产品。然而，以他这样的手法，一天只能加工两件，如何提高效率呢？王英武反复摸索，又总结出一套"锥度校正法"，一天能加工出 8 至 10 件活，大大提高了工作效率。

“让我试试。”这是王英武遇到技术难题或攻关项目时，常脱口而出的几个字。他从来不拍胸脯说“我行”，但大家都知道，王英武说“试试”，就意味着这个难题他就是不睡觉也一定要完成，他有这个毅力！

一次，某型机拉杆试验件的“研制”任务，成为摆在511车间干部职工面前的一道难题。该试验件是高温合金材料，形状复杂，加工难度大，精度要求高。在数控车床多轮加工都没成功的情况，王英武大胆提出用普通车床加工进行粗加工，他磨制了一把前角较大的车刀，这样可以有效减少切削过程中的抗力。反向进刀，降低主轴转速，小进给，慢走刀……尽管如此，由于硬度原因，车刀的磨损还是很严重，为了攻克难关，王英武就一遍遍地修理车刀。三天后，粗加工完毕，变形量得到了有效控制，完全符合图纸要求。

王英武用自创的“多活合一车削法”加工某件号，一次就节省工具材料费2000元；他将四爪卡盘加工的零件改为在工件上先打中心孔再活动卡爪的螺丝，拨动零件加工，提高工作效率三倍，此项又创效益3万多元……

节省材料费用、提高工作效率……连王英武自己都记不清他围绕这些所进行的技术创新有多少了。车间领导评价说，这位沉默寡言的青年直接或间接创下的经济效益，谁都无法估量。王英武就是用平常工作中点点滴滴的创新，实践着一个技能工人的巨大价值。

“任何工作，只要用心去做，没有干不好的。”在同事们的眼里，王英武是一个肯吃别人不愿吃的苦，肯学别人不愿学的技术，肯动别人不愿动的脑筋，肯牺牲别人不愿牺牲业余时间的人。

2003年，为了满足发展需要，中航工业东安实施培养“一岗多能”型人才的举措，并在广大技能工人中，轰轰烈烈地开展起“名师带高徒”活动，这时已是公司车工“大拿”的王英武又琢磨起磨工技术，仅用一年时间就晋升为这个工种的高级工人，他说："我的目标是，车、铣、磨、钳四大工种样样精通。"大内径磨工，是王英武为消除车间生产瓶颈自学的第二工种。由于是老大难工种，谁都不愿意干，也是在这时，王英武主动请缨，并很快掌握大内径技术，"咱是工人，就是要学好技术、干好活儿。"

在创造巨大价值的同时，王英武也创造了一名当代工人的"身价"：当年与王英武同期进厂的伙伴一个个地调走了，由于技术高超，社会上许多小厂纷纷以高薪请他去解决技术难题，可王英武的心思根本没在钱上。他说，那里的"舞台"太小，当代技术工人要有自己的眼界。再说，东安培养了我，我如果跳槽，怎么对得起公司？

如今，在东安，王英武已经成了一位"名人"。但是，朴实而忠诚的王英武依旧踏实而快乐地忙碌在生产一线，操作他热爱和熟悉的机床。"我有当工人的天赋！"他说自己在当工人中找到的不仅仅是一名技术工人的价值，更有产业工人的自豪与荣誉。这些年，全国青年岗位能手、哈尔滨市特等劳模、哈尔滨市劳动模范、黑龙江省劳动模范、全国五一劳动奖章、中央企业知识型先进职工标兵、全国劳动模范……各种"重量级"的荣誉都被这位年仅36岁的产业工人得到了。

"我喜欢我的工作，我为我是一名普通的技术工人而自豪。谁说当工人没有前途呢？只要你努力去干，当工人一样可以创造价值，一样可以实现自我，一样可以做出成绩，一样得到国家和人民的尊重和国家的肯定！"虽然被同事们公认的不善言辞，但这句话王英武却说得干脆而有力。

是的，只要你努力去干，当工人一样大有作为，一样实现自我，一样光荣和自豪。

所以，新时代的工人要摒弃自卑，找回自尊和自豪感，不能期望别人的施舍，而需要自己用努力、用汗水去争取，就像王英武一样。

3. 用中国工人的伟大精神激励自己

伟大的事业需要伟大的精神作为支柱,伟大的精神推动伟大的事业不断前进。中国工人具有世间难以匹敌的伟大精神,这种伟大精神一直是激励一代又一代工人前赴后继、奋勇争先的精神动力。

胡锦涛总书记在2010年全国劳动模范和先进工作者表彰大会上的重要讲话中强调,中国工人阶级具有信念坚定、立场鲜明,艰苦奋斗、勇于奉献,胸怀大局、纪律严明,开拓创新、自强不息的伟大品格。爱岗敬业、争创一流,艰苦奋斗、勇于创新,淡泊名利、甘于奉献的伟大劳模精神,是中国工人阶级崇高品格的生动体现。

一代又一代的劳动模范们也用他们的实际行动向我们生动地昭示了中国工人精神的伟大和不凡。孟泰就是老一代工人的模范。

> 孟泰,原名孟瑞祥,是新中国成立后第一代全国著名的劳动模范,八次受到毛主席的接见。先后当选为第一、二、三届全国人大代表。他爱厂如家,爱炉如命,带领工人们自力更生、艰苦奋斗,为恢复和发展鞍钢的生产做出了重大贡献。
>
> 1898年,孟泰出生在河北省丰润县的一个贫农家庭。他从童年时起,就遭受日本帝国主义和地主、资本家的蹂躏,磨练出了工人阶级的自力更生、艰苦奋斗的品德。1917年,丰润一带遭大旱,为了找一条活路,19岁的孟泰只身闯关东,受尽磨难后在抚顺机车修理厂干了10年铆工,练就了娴熟的技术。
>
> 1927年初的一天,孟泰痛打欺侮自己的日本工头毛利后连夜逃到鞍山。不久,由好友马金山介绍考入鞍山制铁所当了一名配管工,改名孟泰。
>
> 1934年,他与穷苦农家女乔世英结婚。
>
> 无论日寇侵占东北时期,还是国民党控制东北南部的日子,孟泰领着一家6口都在艰难度日。
>
> 1948年2月19日,鞍山解放。解放军送来的粮食使孟泰

全家饱餐了多年来的第一顿高粱米干饭。

1948年4月4日，鞍山钢铁厂成立。为避免战争破坏，鞍山钢铁厂组织了一批政治可靠、有技术专长的工人向后方根据地抢运器材。当时，长期受日伪、国民党统治的鞍山老百姓中有些人对共产党能不能坐稳天下表示疑惑，孟泰却义无反顾地当着工友和家人们表示："跟着共产党走，棒打不回头！"他积极抢运重要器材，全家随一批解放军干部辗转到达通化。在通化，孟泰带领着工友们，只用35天就修复了原定80天修复的两座高炉。

1948年11月，辽沈战役胜利结束后，东北开始进入大规模经济恢复和建设的新时期。这年冬天，孟泰带领全家跟随解放军从通化铁厂回到曾经工作过的鞍山钢铁厂。由于日本侵略者的破坏，鞍钢只剩下一个空壳。望着千疮百孔、七歪八扭的高炉群，孟泰心痛不已，暗下决心要为国家分忧解难。

从此，不论白天黑夜，还是刮风下雨，担任炼铁厂配管领班的孟泰总是奔波在10里厂区。他冒着严寒，刨冻雪抠零部件；迎着臭气，扒废铁堆找原材料。手碰破了不喊疼，脚冻伤了不叫苦。每天泥一把、油一身、汗一脸，拣回一根根铁线、一颗颗螺丝钉、一个个零部件。完整能用的，分门别类保存起来；破旧的，就利用工余时间去修理，没有汽油去铁锈，他就捡些碎玻璃砸成粉末来磨。搜集的器材，开始用几个小箱来盛，逐渐堆满一间屋子，工人们给起了个名字叫"孟泰仓库"。在他的带动下，许多工人们都跟着他学，"孟泰仓库"更加丰富起来。修复炼铁炉期间，所有的冷却水管、风管、气管等零部件都出自"孟泰仓库"，仅三通气门一种即在3000个以上。到1949年6月7日，鞍钢炼出第一炉铁水，炼铁厂修复3座高炉用的材料，没花国家一分钱。

1949年7月9日，鞍钢举行盛大开工典礼。会上，鞍钢表彰了在护厂、抢运、献交器材中涌现出来的先进人物，孟泰等9人因为自力更生、艰苦创业被授予"特等功臣"的荣誉称号。同年8月1日，孟泰光荣地加入了中国共产党，成为鞍山解放后第一批发展的产业工人党员之一。

1950年，美帝国主义发动侵朝战争。孟泰主动当了护厂队员，他把行李扛到高炉上。几次空袭警报响起，孟泰都手拎大管钳飞跑到高炉总水门旁，准备随时用身体护卫高炉的安全。

1950年8月中旬的一天，4号高炉炉皮烧穿，如果铁水与顺炉皮而下的冷水相遇，就会发生爆炸。孟泰将生死置之于度外，冲上炉台抢险，迅速用铁板将水流引离炉皮，并采取一系列处理措施，避免了一场炉毁人亡的事故。同年初冬的一个晚上，高炉水门被堵，孟泰踹碎水道表面冰层，跳入其中，俯身抠除堵塞的杂物，使高炉循环水道恢复畅通。工友们把孟泰从冰水中拉上来时，他已冻得浑身颤抖，嘴唇发紫。经过10多次抢险之后，危险顺利排除，工友们敬佩地称孟泰为“老英雄”。

1950年年底，“孟泰仓库”还保存着数千个各种零部件，为下一个工程准备了充足的材料。孟泰成为鞍钢人的旗帜，他的名字迅速传遍全国。如今，鞍钢的“孟泰仓库”遍地开花，在鞍钢的每一个单位以及每一个车间，都有工人把用旧了更换下来的零部件收集起来，进行维修和保养，让这些废旧零部件重新恢复价值。很多个关键时刻，抢修设备时工厂仓库里都没有的零部件，却在“孟泰仓库”里找到了，“孟泰仓库”多次充当了救急仓库的角色。在鞍钢的下属企业炼铁总厂，“孟泰仓库”多达24个，10多年来共节省开支670余万元。

孟泰带给我们的是中国工人爱岗敬业、无私奉献的伟大精神。他是老一代工人的优秀代表。除了孟泰还有老劳模杨怀运、时传祥、王进喜；新一代劳模李素丽、许振超、白国周……一代又一代的劳模用努力奋斗、拼搏进取的精神激励着一代又一代的中国工人勇往直前，永不言退。

白国周，新时代劳模的典范，用自己几十年如一日对安全的执著坚守，换来了无上的荣光和造福亿万工人的安全管理经验。

38岁的普通矿工，22年来，每年下井都在350天左右；下井

8000 多次，交出 8000 多张安全生产的合格答卷；当班长 21 年，带过 230 多名弟兄，没出现一例工伤；他的事迹和他总结出的“班组管理法”，已受到国务院副总理、国家安监总局和河南省领导的称赞，并被国内众多煤矿学习推广。他，就是全国五一劳动奖章获得者、中国平煤神马能源化工集团七星公司开拓四队班长白国周，是新时代中国工人的典型代表。

“干不好我就不回来!”白国周 16 岁参加工作时就立下了这样的宏愿。

由于贫困的家庭环境，1986 年，以优异成绩考上县一所重点中学的白国周辍学了。他跟几个同村人一起来到当时的平顶山矿务局七矿(现中平能化七星公司)当上了农民轮换工。第一天的工作就吓走了同来的两个同村人，而当时又瘦又小的他却咬紧牙关留了下来，而且一干就是 20 多年。苦自不必说，快乐也是常有的。对于自己的工作，他的总结就是：自己想好了的事，就要拿出实际的行动，并且一定要坚持下去，不管遇到多大的困难。也只有这样才能把工作真正做好。即使在班长这个职位上待了 21 年，他也从来不后悔。“除了下井，我不知道自己还能干什么。我还有很多事没有做，煤矿还需要我。生产任务会一项一项去完成，但安全生产永远不能停步，永远没有终点。”

“安全重于泰山”，井下工作更是如此。在他心里，当班长，就要扛起工友生命的重托，扛起煤矿安全生产的责任。“没有安全，什么钱也挣不到!”“当矿工不把安全当回事，这样的人绝不是合格的矿工。同样，安全抓不好的班长，也不是称职的班长。”“我身上担负的不仅仅是我一个人的安全，而是班里十几个人的生命。”他下定决心：“这辈子绝不违章!”为了做好“安全生产的有心人和引路人”，白国周首先带头按章操作，并在实践中摸索总结出自保联保的安全措施，并使大伙儿心里形成这样一种安全理念，然后在实践中严格落实。正是因为有着较强的责任心和自主保安意识，白国周才创造了安全生产的奇迹，在 22 年

8000 多次下井经历中，他从来没有出现过工伤，就连在他班里先后工作过的 230 多名职工，也没出现过一次工伤。白国周也多次被七星公司评为“安全标兵”。2005 年，他被评为集团公司劳动模范。2008 年，他作为“本质安全人”代表在集团公司各单位做巡回报告。他同时也被大家公认为班组安全生产的“定海神针”。

安全无小事。作为一名班长，要想保证每个人的安全，必须处处细心，防患于未然。每天安全宣誓之后，白国周就按照自己坚持多年的“三不少”中“班前检查不能少”的要求，从风门、绞车、轨道、耙斗机到工作面，他都认真检查一遍，发现问题就掏出粉笔写个工友留言。久而久之，白国周的“粉笔留言”就成了他们班工作区域一道独特的风景线，工人们也养成了到岗后先找“粉笔留言”的习惯，先把班长查出的隐患处理完，再去干其他的事。也就是因为细心，他在多年的班组管理工作中认真进行经验总结，不断探索新的方法，逐步提炼了理念引导法、班前礼仪法、指令处理法、“三不少”隐患排查法、“三必谈”身心调适法、“三快三勤”现场管理法、互助联保法、手指口述交班法、亲情和谐法等《班组安全管理九法》，并坚持把这些管理方法运用到生产实践中去，创造了 22 年安全生产的奇迹。他的《班组安全管理九法》成为班组管理的“安全指南”，他也成为公司领导眼中“最放心的班长”。在工友们的心中，他是“我们最信任的班长。有这样的班长带着自己，心里特别踏实！”

“新时期的煤矿工人也要有学问。”“不断学习、进步，提高素质，是让我远离事故、保证安全的法宝。”白国周说。

虽然放弃了在学校学习的机会，但为了在平凡的工作岗位上干出特色，白国周从来没放弃过学习。到煤矿工作 22 年来，白国周通过自学，系统地掌握了井下 10 余个工种的工作原理和操作事项，成为井下安全生产的多面手。现在，白国周一人就持有班组长岗位证、电车操作证、绞车操作证、耙斗机司机证、刮板运输机司机证5个工种的上岗操作证，可以说是“十八般武艺样样精通”。并最终成了生产上的“行家里手”。

“班长必须注重传帮带，把职工培养成‘多面手’。”白国周不仅自己学，还悉心鼓励教授工友学技术，会安全。在他的带领和帮助下，他们班先后有13名职工从这里成长为班长，在开拓四队11个班组中，有7名班长是从白国周班出来的，而且个个都是能打硬仗、敢打硬仗的生产好手，他也成了培养骨干的“能工巧手”。在公司技术比武中，他们班的职工先后获得过3个第一名，2个第二名，2个第三名。他所在的班被大家称作是班组长的“黄埔军校”。

“白班长时刻把弟兄们的冷暖放在心上，把大家的事儿当成自己的事儿去做。”“矿下的活儿危险大，每次都是他冲在最前面。这实际上是对我们的爱护，更是一种奉献精神。他时刻在感动着我们，激励着我们不断前进。”跟过白国周的职工都这样评价他。

“班组就是大家庭。班长就要和大家心贴心，把大家团结得像亲兄弟一样亲！”作为班长，白国周对班里每一个职工的家庭住址、家庭情况等都了如指掌。每逢过节，他都要组织班里职工在一起聚会，大家都带着孩子、爱人一起共同欢乐；平时他还组织给工友们过生日，给孩子们过生日；班里谁家有人生病，大家都去看望；谁家遇到困难，大家都伸出援手，鼎力相助。经过长期的交往，大家像亲兄弟一样抱成团儿，俨然一个和谐的“大家庭”。

“咬定青山不放松”。20多年来，白国周在平凡的岗位上用“心”工作，终于创造出了安全生产上不平凡的业绩，他也被誉为煤矿企业“本质安全人的典范”、“基层班组长的楷模”。2009年4月，他荣获全国五一劳动奖章。“白国周班组管理法”也受到了相关部门领导的肯定和重视，中共中央政治局委员、国务院副总理张德江，国家安全生产监督管理总局局长骆琳，国家安全生产监督管理总局副局长、国家煤矿安全监督局局长赵铁锤，中华全国总工会副主席、书记处书记张鸣起都做了相关批示，号召全国煤炭系统向白国周学习。

什么是劳模精神？就是这些杰出的劳动模范身上表现出来的精神，这种无私无畏，勇于奋斗，爱岗敬业，争创一流的精神，这种淡泊名利甘于奉献的精神，这种自强不息，勇于进取的精神！劳模精神始终是时代和社会的宝贵精神财富。无论是老英雄孟泰爱厂如家的主人翁精神，还是老劳模杨怀远为人民服务的“小扁担精神”；无论是“宁愿一人脏，换来万人洁”的时传祥精神，还是“有条件上，没有条件创造条件也要上”的铁人精神；无论是公交战线的旗帜——李素丽“岗位作奉献，真情为他人”的工作信条，还是当代工人的楷模——许振超“干就干一流、争就争第一”的执著信念，又或者是白国周对安全的执著坚守……伟大的劳模精神，不仅是中国工人伟大品格的集中体现，也是中华民族精神的重要组成部分。

劳模是前行的榜样，劳模是一面对照的镜子，更是一个值得追求和超越的目标。作为一个普通员工，要以劳模为榜样，不断学习劳模，永远争当劳模，时时赶超劳模，与时俱进，不断创新，把自己的智慧和知识用于工作中去，用伟大的劳模精神激励自己，不断在工作中做出成绩。

正是在这种伟大的劳模精神的激励下，新一代工人的榜样茁壮成长起来。

在山西焦煤集团西山煤矿总公司官地矿，有这样一位专家，不仅能在机器上划线，还经常挽起袖子排除故障，既为企业直接节支创效上千万元，还使企业间接增收上亿元。而且，他不仅从未索取任何回报，还拒绝了许多单位的高薪聘请，至今仍然默默奉献在西山煤矿的地层深处。他就是“中华技能大奖”获得者、被称作“煤机神医”的西山煤矿总公司官地矿采掘机电管理组组长栗俊平。

栗俊平，一名普通的采煤工人，一位朴朴实实的农家孩子，他本是一个只求当好采煤工的汉子，然而进口煤机出了故障却无人会修，这件事触动了他心底那根不服输的弦，让他深深感受到没有技术，只知道死干蛮干并不是一个好工人，他下决心学习采煤机的检修，他找来各种各样的相关资料，图样，利用业余时间认真研读，通过不断实践，自学，求教再实践，他的专业技术水平大大提高，许多型号的煤机他都能熟练找出常见故障，并且能够迅速加以排除，有人会说与煤天天打交道，是一项无聊枯燥的工作。而栗俊平的技艺为煤矿创造了巨大的价值，在平凡的岗位上做出了不平凡的事。

栗俊平的“神”在于他以初中毕业的学历，对矿上各种进口、国产采煤机工作原理了如指掌，各种故障手到病除。几年中，他平均每年排除采煤机大小故障 98 次，抢修成功率 100%，赢得开机时间 870 小时，多产原煤 17 万吨。据统计，每排除一次故障，可直接节约资金 7.5 万元，加上延长设备使用寿命、节约设备更新费用带来的效益，价值当以数亿元计。

初中毕业的栗俊平，如果仅做到“药到病除”，最多只能算个土专家。但是，他是一个有心人，把经手排除的故障作为“病例”编成了书，赢得了业内公认。如今，《栗俊平采机故障排除法》、《采煤机操作与抢修》已成为西山煤矿总公司的职工培训教材。人们都说栗俊平“神”，但这“神”并不是天生的，而是来自千百次的锤炼。

1978 年，栗俊平坐着马车从山西忻州来到官地矿，当上了一名矿工。次年，他成为一名采煤机司机。当时，矿上引进的法国采煤机组由于设计、操作等原因，时常停机“罢工”。一到这时，工友们总会对栗俊平抱怨：“你只会开采煤机，处理不了故障算什么好司机。”

为了当工友眼中的好司机，栗俊平开始下决心掌握采煤机的工作原理与维修技术。然而，当把技术资料拿回来时，连 26 个英文字母都认不全的栗俊平，更别说读懂那些像天书一样的各种符号了。

学习没有捷径，栗俊平把工余时间全部投入到了学习上，每天只睡五六个小时，从基础知识开始补课。在设备出现故障时，别人升井回家，他留在井里看技术人员维修。就这样，栗俊平先后自学了《液压传动》、《机械基础》、《采机自动化基础》等 8 门课程，记下了 10 多万字的读书笔记。逐渐地，他对矿上各种采煤机的工作原理与技术性能烂熟于心，对各种故障判断得心应手，成了矿上有名的采煤机“技术大拿”。

2001 年 4 月 23 日，综采二队反映采煤机左滚筒只降不升、右滚筒不升不降，无法工作，当班工人换了 10 多个液压锁，问题还是没能解决。栗俊平下井后分析，出现这种故障有 3 种可能：液压锁控制油路密封失效、调高泵管路泄漏、调高泵密封失效。经检查后两处没有问题，打开液压锁后发现活塞密封圈由于选择型号不对而损坏，更换后设备工作正常。

栗俊平解决问题准而快，但只有他自己知道，多少次遇到此类问题，他动了多少脑筋、花了多少时间，才换来如今快速而准确的维修效果。甚至，他还总结了 65 种常见故障及排除办法，供同行们借鉴。

栗俊平成了“煤机神医”，但他并不满足。他想，与其手到病除地及时抢修，不如加强管理让设备少出故障。栗俊平总结出了一套采煤机管理办法，实施后故障率从 20%降到了 3%左右。和栗俊平一样，张全民也是一位学习劳模，争当劳模的典范。

河南省平顶山天鹰集团工人张全民勤奋好学，刻苦钻研，大胆进行技术革新，练就了一套高超的车工技术。他经常看的书是《机械制造与应用》、《金属材料学》、《车工工艺》、《电工学》、《基础英语》。工作以外，他的时间大多用在研究技术上，工资的大部分也都用在买书上。除了本专业的理论，与车工有关联的理论知识，他都尽自己所能去掌握。2003 年 10 月，全国职工职业技能车工大赛上，张全民荣获第二名，其中理论考试表现出了明显的优势。他还善于把学到的知识应用到实际工作中去。在工作中遇到问题时，他总要在书本上找答案，书本上没有现成的，他就自己研究出加工方法。同一零部件，他经常尝试用不同的方法加工，寻找既能保证质量又能提高效率的捷径。他不但能操作普通车床，还能操作济南数车、沈阳数车、台湾数车、美国车削中心等5种国内外先进的数控车床，成为一位名副其实的“多面手”，练出了很多“绝活”。

张全民酷爱车工技术，而且干一行、爱一行，用他自己的话说就是“人生最高的价值是热爱”。凭着这种热爱，他在平凡的岗位上做出了不平凡的业绩。凭着精湛的车工技术，他对公司产品LW6－550、500六氟化硫断路器上的关键部件——PC0468动触头的数控加工工艺、刃具、程序以及数车专用滚压工具的开发，使得该部件的加工效率提高3倍，合格率达到了99.9%。该部件为紫铜材料，形状复杂，尺寸公差和形位公差严，而且是外圆表面粗糙度要求极小，表面有硬度要求。张全民根据以前积累的经验和数控车床的特点，参阅有关资料，设计出数控车床专用的滚压工件外圆的滚压工具，反复试验滚压速度和进给量，摸索出一整套在数控车床上滚压加工的方法。这是首次在数控车床上采用滚压加工方法。该方法既解决了工件表面粗糙度低的问题，又满足了表面硬度的要求，快速而及时地解决了产品质量与数量的矛盾，为公司创造经济效益58.3万元。

张全民还对液压机器上的核心部件——PA2418二级阀的数车加工做了大量改进，完成了二级阀机加刀具的选择、设计和改制以及加工程序的编制，使二级阀的生产效率提高近4倍，合格率达到99.9%以上，4年间创造经济效益达280.8万元。

2001年，天鹰公司与日本东芝公司合资成立河南平高东芝高压开关公司。张全民又操起了美国哈挺公司生产的QUEST8/51车削机加工零件。开始，日方代表不相信中国人的技术，觉得我们生产不出符合他们标准的合格产品。要强的张全民想：只要外国人能干，咱中国人也能干。张全民首先完成了大量进口图纸零件的国产化，包括加工程序、刀具、工装、量具的编制、设计、改进、改造等工作，又在开发数控程序上进行了有益的探索。他利用数控系统中的宏指令，将该形状复杂的槽型编在一个宏指令的子程序里，采用时只需在主程序中给出槽的公称直径，后面的复杂运算就可通过所编宏指令，利用数控系统自动运算，加工出所需的槽了。解决了技术问题之后，张全民便忘我地投入到工作中。一次加工一种零件，从早上9点一直干到第二天早上8点，几乎24小时不停，吃饭就在车床边，解个手也是一溜小跑。工夫不负有心人，工件终于加工出来了，日本人一看，吃了一惊，经过检测，完全符合标准，至此，他们对张全民开始刮目相看了。加工过程中，张全民还利用宏指令解决了某些数控车床中没有钻深孔程序以及车削中心B指令多孔加工问题。现在这些程序已在数控车床中得到应用，有效地提高了数控车床的加工效率，提高了产品质量，减少了编程时间，拓宽了数控车床的加工领域。现在，张全民加工的“东芝”件的合格率由最初的40%提高到97%左右。

勇于创新的精神也是伟大的劳模精神之一。企业的创新能力是当代企业立于不败之地的核心竞争力之一，企业只有不断创新，不断推出新产品，才能在市场上取得主动地位，获得持续稳定的发展。而企业创新能力是由其职工的创新能力构成的，只有广大职工都焕发出创新精神，企业的创新能力才能达到极致。所以，用伟大的创新精神激励自己、指导自己，在自己的岗位上开拓创新、发明创造，是新时代的工人向劳模学习的重要内容，也是促进自己成长进步的重要途径。

“全国技术能手”邓建军在江苏省黑牡丹集团形成创新能力方面发挥了领军人物的作用，他所负责的技改项目，很多都体现出了开拓创新精神。如牛仔布的预缩率控制，是国际牛仔布生产的一大难题。邓建军不畏艰难，勇敢挑战这一世界难题。他从电子技术与气动技术的结合点上突破了难关，使黑牡丹集团的牛仔布预缩率精度稳定控制在2.5%以内，优于3%的国际标准，令世界同行刮目相看。在他的努力下，黑牡丹集团创造了牛仔布生产预缩工艺的行业最高标准，解决了牛仔布染色环节连续生产不停车的世界性难题，完成了400多项新型牛仔布生产急需的技术改造项目，创造性地应用了18项世界最新纺织技术中的15项。可以说，黑牡丹集团在国际、国内市场上的巨大竞争优势，就来自于黑牡丹集团在技术上的创新能力，邓建军为此做出了重大贡献。

中国工人不仅有开拓创新的精神，更有团结协作、顾全大局的胸怀，合作起来力量大、一个人的力量总是有限的，所以中国工人历来就把“团结就是力量”作为前行的准则之一。团结协作、相互关爱是中国工人的伟大品格。他们同心同德，同舟共济，互敬互重，共同创造了共和国一个又一个伟大奇迹。

任何一项成功的事业都要有人才作支撑，李骏深知这样一个道理。李骏是一汽技术中心的一面旗帜，是一汽技术中心掌握科技知识最多的人，实践经验最丰富的人，日工作时间最长的人，职业激情最高的人。跟他合作过的外国专家都深有感触地说：“李骏是中国不可多得的专家，是一个真正干汽车的人。”

汽车开发是一项系统工程，靠一个人绝对不行。李骏给自己定下了一个目标，就是尽快为一汽培养出一支具有一流技术水平、敢与国际大公司比肩的研发队伍。而要建立这样一支队伍，自己必须要以身作则，发挥带头作用，言传身教，率先垂范。熟悉李骏的人都知道，他最喜欢过年，因为可以有大块时间查资料、看论文。在放假的短短几天里，他研读最具权威的国外汽车发动机文献多达70余篇；2003年春节，他又利用假期研究了世界各国的汽车排放资料，大年初四就把团队成员召集起来，讨论制定一汽的产品研发规划，并把有价值的资料推荐给同事们。同事们感动地说：“跟着李骏总能学到最新的知识、最新的技术。”

与李骏接触过的人，无不为他的职业激情所感染。他每天工作都要到晚上八九点，双休日在他从来都是“单休日”，特别是周六几乎没有正常休息过。团队所有成员的办公桌里经常备有饼干、方便面,因为李骏主持的产品研发论证会大多是在下班后召开,有时甚至通宵达旦。

由于常年的工作磨练,李骏练就了两项特殊的本领:一项是善于走会,技术中心经常会在同一时间不同地点召开几个论证会,作为技术负责人的李骏每个会议都必须参加,并就不同内容分别做出科学分析和正确判断;另一项是出国不倒时差,经常是上了飞机看资料,下了飞机就开始工作。有一次去奥地利出差,连续飞了10个小时,下飞机后又连续谈判12个小时,忙得中间只吃了一个苹果充饥,累得他几乎晕倒。还有一次他从南美洲飞到欧洲,再转机飞回国内,转辗50多个小时,下飞机后就直接投入工作。同事们这样评价李骏:"他就是一台不知疲倦的大马力发动机,把所有人都带动起来了。"而他当医生的妻子却心疼地说:"他这是在透支生命啊!"

现在,李骏又带领他的团队为实现一汽确定的"自主百万辆"的战略目标而奋斗着。为把重型卡车发动机的开发流程和体系转移到轿车发动机的开发上,他们启动了电控燃油喷射汽油发动机的研发项目。汽车电子空心化制约着我国汽车工业上台阶、上水平,两院的14位院士曾联名上书党中央和国务院,胡锦涛、温家宝等党和国家领导人亲自批示将此项目列为863工程,他们启动了电子"换脑工程",被国家863工程办公室纳入国家计划,目前已取得重大进展。为了解决能源短缺、排放污染等问题,李骏又积极投入到另一个863项目——混合动力轿车和客车的研发工作中,目前样车已开发成功,并通过了国家级鉴定。

虽然时代不同,工人阶级的表现不同,但他们都体现了共同的精神特质,那就是:爱岗敬业、争创一流,艰苦奋斗、勇于创新,淡泊名利、甘于奉献!这也正是中国工人的伟大精神!

一个时代有一个时代的英雄,一个时代有一个时代的精神。有些精神永远不朽，不论在什么样的时代什么样的条件下，这些精神永远是指引我们前行的明灯。比如劳模精神，中国工人的伟大精神。

所以心怀远大、奋勇进取的员工，要以这些精神为指导，在伟大精神的激励下不断前进，不断努力，让自己在平凡的岗位做出成绩，让自己的岗位闪闪发光。

4. 向最优秀的工人模范学习

优秀的工人模范是民族的精英、国家的栋梁、社会的中坚、人民的楷模，是党和国家的宝贵财富，是工人阶级的优秀代表。作为一名员工，要积极地向他们学习，以劳模的精神激励自己，向劳模的标准看齐，发扬中国工人的伟大精神和优秀传统，努力工作，奋发有为，做新一代的工人典范。

我们要以优秀的工人模范为榜样，向他们学习，学习他们忠于职守、尽职尽责、不断追求卓越的爱岗敬业精神，淡泊名利，无私奉献，默默耕耘，忘我工作，诚实守信，信守承诺，干一行、爱一行、钻一行、精一行，全心全意为人民服务，创造性地做好各项工作；学习他们自力更生、艰苦奋斗、知难而进、一往无前、坚韧不拔、奋勇拼搏、积极进取、奋发向上的拼搏奉献精神，以强烈的事业心和责任感，自我加压，奋发有为；学习他们积极面对新形势的挑战和新技术的发展，真抓实干、务求实效、解放思想、与时俱进、锐意创新、不断改进的开拓创新精神，努力学习新知识，刻苦钻研新技术，娴熟掌握新技能，不断向新目标迈进；学习他们同舟共济、互帮互助、以身作则、言传身教、关爱他人、爱护同志、严于律己、宽以待人、遵守纪律、服从命令、识大体、顾大局的团结协作精神，发挥集体的力量，从自己做起，从现在做起，把个人的理想转化成励精图治的实际行动，为实现共同的目标而努力，为实现中华民族的伟大复兴而添砖加瓦。

孔子说“见贤思齐，见不贤而自内省也”。劳模是我们时代的先锋，是我们学习的表率，我们要在日常的每一个工作中向劳模学习，以他们为榜样，学习他们努力学习、刻苦钻研，在自己的岗位上兢兢业业、甘心奉献的精神，在自己平凡的岗位上做出不平凡的业绩。

南昌南车辆段的检车员刘发根，刚参加工作的那一段时间也经历过困顿：他发现自己在学校学到的知识和实际业务有很大差距，甚至有很多的零部件都不认识。纸上得来终觉浅，绝知此事要躬行。刘发根自我加压，强化在实践中的学习和训练。

于是，在业余时间里，刘发根经常一个人来到沙北编尾的站修所里，一个人反复钻研：拆解报废车辆的零部件、再装好，再拆下、再装好；对那些陌生而繁多的零部件，他就用粉笔把名称写在上面以记得更清楚。

为了增加自己的专业知识，他给自己定下了严苛的学习计划，所有的业余时间都投入其中，十几本规章制度，7000 多道技术业务题……摞起来足有一尺多厚的资料。整整三年，他书不离手。

为了苦练技术，在气温高达四五十摄氏度的训练场上，他几乎在玩命般地反复练习，汗水使他的衣服没有一根线是干的。有时练习久了，小腿像筛糠一样地抖个不停，吃饭时手抖得菜都夹不起来。

一段时间过去了，又一段时间过去了，刘发根终于对车辆检修技术有了整体而全面的掌握。

2005 年，首届全国铁道行业技能大赛。刘发根以 26 秒的好成绩，技压群雄，刷新了保持 20 年的全国纪录，获得货车检车员全能第一名桂冠，成为货车"快速修"的明星！

而此时，他参加工作才刚刚满 4 年！

为什么刘发根能在短短 4 年之中取得如此优异的成绩？

"我不比别人聪明．要比别人做得好，就只有别人做一遍，我做两遍三遍；别人做两遍，我就做四遍五遍。"这就是执著的力量。

刘发根以优异的业绩成为全国五一劳动奖章获得者、铁道部火车头奖章获得者、全国技术能手。

只要看一下刘发根的手指甲，就可以知道成功背后的磨砺了——10个手指甲形态各异，与众不同：三角形、菱形、圆型、方形，每个指甲都镶有一道黑圈儿……然而这却是巧手匠心的最佳写照，刘发根用自己的实践告诉了我们成功的可能性及其凭借。

“九层之台，起于垒土；千里之行，始于足下”，劳模们的收获，都来源于点点滴滴、日积月累的付出。那些总在嘲笑别人愚笨的人，往往才是最愚蠢的。笨鸟先飞的故事和龟兔赛跑的故事，我们从小就开始学习，其中的意旨也背得烂熟于胸，可是一到生活中做事情的时候为何无法贯彻和应用呢？笨鸟的精神贯彻不了，乌龟的耐力也学习不到，所以成功者也就不易当成了。

向劳模学习，要学习他们敬业爱岗的职业品质，攻坚克难的拼搏精神，立足本职，将劳模精神转化为更大的工作热情、学习动力和创新源泉。

每个岗位都有自己的特点，每项工作都有自己的规律，每个任务都会遇到意想不到的困难。向优秀的工人代表、向劳动模范学习，就要像他们一样，爱岗敬业，精益求精，干一行、爱一行、钻一行、精一行，不仅要求过得去，而且要求过得硬。陈新益就是这样一位劳动模范。

陈新益是海宁市供电局的一位平凡的线路工人，获得过全国劳动模范、全国五一劳动奖章、浙江省劳动模范和海宁市劳动模范等光荣称号。

1981年，高中毕业的陈新益到嘉兴电力局线路队当临时工，从事110千伏及以下的线路施工。由于勤奋好学，他从一名学徒工迅速成长为队里的技术能手。“那个时候，老师傅都说我是消防员，哪里有需要我就出现在哪里！”谈起年轻时候，陈新益一脸自豪。1983年秋天，他被海宁市供电局招工录用，分配在该局唯一的线路施工部门大修班，正式成为线路工人。

当时的海宁电网很落后，电网建设速度也很慢，工程施工用的工器具和施工方法也很落后。陈新益虽然从书本和实践中学到了许多施工知识和技巧，但老同志很难接受他的创新技术理念。有一次，大修班接到一项利用扒杆立1基18米的35千伏双杆的任务。由于地形复杂、地质疏松，一队人整整忙活了一天，电杆依然躺在田头。陈新益自告奋勇地对老师傅说起自己的立杆方法，不料被一口否定。一连三天电杆还是没法立起来，陈新益忍不住了，硬着头皮再次向老师傅讲述了自己方法：将两根扒杆之间加固钢丝和枕木，重新计算电杆吊起的受力点。老师傅抱着试试看的态度，采纳了他的意见，立杆工作一次成功。自此，这个21岁的小伙子得到了班里所有人的刮目相看。

“他是我们大修班里的技术骨干，顶梁柱，技术也是最好的，而且从不藏私，有同事向他请教，他总是耐心细致地讲解。”当时任大修班班长的王亚勤这样评价他。施工间隙，年轻的陈新益还经常会想出常人看似古怪的点子，如穿钢丝绳套、快捷启用机动绞磨等，帮助改进各种施工器具和施工工艺，大大提高了施工效率。24岁那年，他当上了大修班副班长。

“他是一个具备精湛专业技能，在关键环节发挥作用，能够解决难题的人。”“没有他解决不了的问题！”提起陈新益，领导和同事往往就这么直接干脆地回答。好多次重大抢修，都由他迅速判断事故原因，果断采取针对性措施，避免了重大损失。

2006年，他以浙江省选拔赛理论第一和操作第一的身份代表浙江参加了全国电力行业配电线路工技能竞赛。在拉线制作比赛中，他将钢绞线弧度弯曲这一绝活发挥得淋漓尽致，绝对的实力让全场评委称赞，获得了单项第一，同时他也获得了全国电力行业配电线路工技能竞赛优秀选手称号。

2009年初，海宁市供电局为陈新益量身定制，成立了“陈新益劳模创新工作室”，他从一名线路班班长成为了一名专业技术训练导师。他的工作室与专业的培训学校不同，采用理论培训和实际操作相结合的培训形式，侧重于实际操作技能培训。他每项技能亲自示范，手把手教学，便于学员快速掌握，少走弯路。

培训内容全面系统，接近实际工作。他的工作室是闻名嘉兴电力系统的"黄埔军校"，两名学员仅培训了四个月，首次参加海宁市举办的配电线路擂台赛，就取得了个人第十和第十一名的优异成绩；还有两名学员，在参加嘉兴市第二届职工技能运动会暨电力职工技能擂台赛中，分别取得了个人第二和前八名的好成绩。

"师傅不仅教会了我们技术，还教会了我们做人。刚来工作室的时候，我们都不想干这一行，但是师傅每次都会手把手认真的教我们技术，还经常与我们谈心，谈他的成长经历，教我们如何提高学习能力，他的言行深深感动了我们，让我们也爱上了这一行。"说起陈新益，刚从工作室结业的优秀学员冯乐坪有一肚子的感激。今年1月份，他从工作室结业后分配到了新岗位，他的技术和为人很快赢得了身边同事的一致看好。

时代在变，但劳模的精神不变。陈益新几十年如一日地在线路工岗位上埋头苦干。他像金子，在哪里都闪光。问起他成功的经验时，他说得最多的还是一句老话："爱岗敬业不仅仅是口号，更要踏踏实实地将它落实到行动上，要终身学习和创新，为事业拼搏，才能真正体现我们工人的价值。"

要做到爱岗敬业，必须具备所谓的"四心"，即爱心、耐心、恒心和决心。任何事情都不是一蹴而就的，我们不能只凭一时的热情、三分钟热度去工作，也不能在情绪低落时就马马虎虎、应付了事。特别是在平凡的岗位上要做到长期爱岗敬业，更需要坚韧不拔的毅力。

向优秀的工人模范学习，还要学习他们忠于职守、默默耕耘的工作精神，把自己的工作做得尽善尽美。

中国南方机车车辆工业公司洛阳机车厂的机修钳工技师张素丽，1992年从洛阳机车厂技工学校内燃机车钳工专业毕业入厂。3年技校学习中，张素丽求知若渴，勤奋刻苦，练锯割、练锉削、练打手锤，一个十几岁女孩的手上布满了茧子、血泡，学习成绩一路领先。1991年，她在全国厂际技校技术比赛中获得第二名，毕业时取得钳工高级工证书。进厂刚开始，张素丽担任的是钳工划线工作，扎实的理论基础使她干起活来得心应手，一件件带着准确、清晰线条的工件交到下道工序，既给工友们留下方便，又为车间完成生产任务创造了条件。经过几年锻炼，她的钳工技术进一步提高，实践经验也不断积累。后来，因工作需要她被调到金工车间负责模具制作工作。模具钳工，主要是手工作业，要求识图能力强，技术水平高。从模柄到底板，每个组件都需细心分析，弄清它们的作用及相互之间的关系。新的工作和挑战，给张素丽增加了动力和乐趣。她一方面借来技术书籍充实头脑，一方面请有经验的同志规范自己的作业程序，从简单的落料、压型开始，到冲孔落料连续模再到跳步模和薄壁拉延模的制作，总是在干中学、学中干，仔细认真，活越干越精巧。1994年，她经工厂选拔推荐参加技术竞赛，获得钳工高级组第一名，被晋升为当时厂里最年轻的钳工类青工技师。

随着铁路运输工业的发展，厂修机车迅速更新换代。在新型机车的试修中，工装、模具要先行，东风4型内燃机车和韶山3型电力机车的试修，都需要多种模具，时间紧、任务重、难度大。张素丽知道这些新车型的试修成功将会推动工厂的发展，每个工人都应拿出自己的本领，为它们的早日试修成功尽心尽力，一股责任感油然而生。于是，每当车间领回任务时，她总是抢干结构复杂、技术要求高的模具。为保证工期进度，确保产品质量，她经常放弃节假日休息，坚持在生产岗位，对每套模具都做到精益求精，从而高质量地完成了车间交给她的多种机车产品模具制作任务。

市场经济的发展，使车间的社会产品日益增多，在美国通用电气公司产品和北方玻璃公司设备的生产中，张素丽都担当了重要任务。GE产品中的空气干燥器支架，一件活干下来，共需要钻、焊、铣等6套模具，其中有一项技术要求很高，对于组焊件来说，仅焊后变形就超过要求，但工件结构所限，无法先焊后铣或磨，只有组焊一条路，她向技术人员提出改进意见，帮助焊工调整焊接顺序，经过一次次的调试、改进，终于工夫不负有心人，工件所有尺寸全部通过了3座标的检测。此项目获工厂科技二等奖。垫片是北方玻璃公司设备中的小零件，制作垫片用的冲孔落料连续模，是一个直径不到30毫米的圆垫，上面有一个中心孔，两个长圆缺口，但制作中仅跳步冲裁就需要4次完成。张素丽一丝不苟，精心制作成功，受到了用户的称赞。她参与制作玻璃设备30多套，部分设备出口到伊朗、韩国、英国。

张素丽的钳工技术有了名气，工厂重视，工友称赞。面对很多企业高薪聘用技术人才的情况，一些好心人主张她到南方那些能挣大钱的企业发展自己。听到这些话，她只是淡淡一笑。张素丽热爱自己的工厂和事业，没动过一丝一毫跳槽的念头，冬月的严寒和夏日的酷热一次次轮换过去，她仍然坚守在自己热爱的岗位上，为工厂的发展发出光和热。她一边做好自己手中的活，一边帮助工段长带好其他工友学技术，从讲解理论知识到实际操作的方法和步骤，认认真真，孜孜不倦，直到他们掌握为止。就连参加职业技能竞赛，她也总是与工友们相互帮助，取长补短，帮他人练习培训要求的内容。

张素丽是个多面手，曾学习过线切割的精确编程，在担当该设备操作的同志歇假后，她便同时担负起这项工作，而且还带了一名新的操作工，教她熟练掌握CAD制图，全面了解模具制作的流程。车间的设备维修人员少，她常常帮着维修调整设备。工作中，她从来不叫一声苦，不喊一声累。她还熟悉普通机床的电路设计和故障排除。

由于张素丽凭着坚韧的拼劲、娴熟的技术和高度的责任感，干一行、爱一行、钻一行、精一行，年年出色地完成生产任务，她先后获得过“车间先进生产者”和“工厂技术能手”等荣誉称号。

优秀工人是我们的榜样，是时代的先锋。优秀的模范工人是劳动者的代表，劳模精神也是我们这个民族的精神、时代的精神具体体现，劳模不仅是一种荣誉，它更是一种精神，推动建设社会主义伟大事业的精神，更是指引我们从平凡向卓越行进的伟大精神。

5. 做一名员工同样大有作为

不管是在过去、在现在还是在未来，工人阶级都是祖国建设的主力军。在创立和建设新中国的伟大历程中，中国工人在中国共产党领导下，谱写了中华民族历史上最壮丽的篇章，涌现出许多可歌可泣的英雄模范。他们是民族的脊梁、时代的先锋、祖国的骄傲、国家的栋梁、社会的中坚、人民的楷模。

他们不仅在各自的岗位上创造出了非凡的业绩，并且用他们的实际行动，向世人证明了又一个真理：做一名员工同样大有作为，而且还可以有非凡的作为！

全国政协原主席李瑞环曾是一名木匠，全国人大常委会原副委员长倪志福曾是一名钳工；全国政协原副主席郝建秀曾是一名纺织工人，北京市原副市长张百发曾是一名钢筋工……出身农民、工人却走上各级领导岗位的不下千百万人。

也许有人会说，这都是那个时代的原因。在现在这个时代，这样的事很少了。其实这种想法是错的。不管哪一个时代，只要你认真工作，努力进取，不断拼搏，都可以前途无量，大有作为，出人头地，成就斐然。

白手起家的碧桂园的原董事长杨国强当初因为家境贫穷，连高中都没有毕业，从月薪人民币 180 元的建筑工人，摇身成为大富豪，除了发迹过程充满惊奇外，杨国强低调内敛的个性，也让这位富豪多了点神秘感。

杨国强出生于 1954 年，因为家境清寒，高中都没办法念完，在家乡放过牛，当过建筑工人，月薪只有人民币 180 元，不过也就是建筑工人的经验，让杨国强走进房产市场买地盖楼，身价一翻就是 160 亿美元，折合人民币 1000 多个亿。

海尔集团原首席执行官张瑞敏，当初也是蓝领工人，承父亲的职业，在青岛家电公司从工人当到组长、主任、厂长、经理，在1984年，35岁时，接任青岛电冰箱总厂厂长，并开始将家电产品推向国际通路。在1980年代到1990年代，成功地创造了海尔这个世界品牌，并持续经营到今日的规模，成为国内最有名的企业家之一。1999年曾被英国《金融时报》选为“全球三十位最受尊崇的企业家”。

像这样从普通的蓝领工人成长为优秀企业家的案例数不胜数。许多知名的企业家都是从最普通的岗上成长起来的。比如牛根生，就是从一个普通的养牛种草的工人成为中国乳业巨子，成为行业领袖，成为中国第一大乳品企业掌门人的。

1999年诞生的蒙牛，经过十年的奋斗，已经成为中国乳品行业当之无愧的老大，在亚洲也仅次于日本乳品企业“养乐多”而居第二，蒙牛已经连续五年上榜亚洲品牌500强，还于2010年首次代表中国乳业跻身世界乳业十六强，还在由国际著名财经媒体《福布斯》揭晓的“2010中国最佳品牌价值排行榜”上荣膺排行榜第28位，2010年蒙牛仅液态奶销售就达到134亿元。这样辉煌的业绩和响当当的品牌，无一不与蒙牛的掌门人牛根生息息相关。

牛根生，蒙牛集团董事长。1958年生，满月时被父母以50元价格卖给一户姓牛的养牛人家，从此与牛结下不解之缘，跟随养父养牛。长大后由于没有工作指标，从1976年18岁开始他就四处打零工。先后做过火车装卸工，干过泥瓦匠，打过杂，在忙碌的同时还要照顾重病的养父。1978年10月，养父病逝。他按照规定接班，进入呼和浩特大黑河养牛场当了一名养牛工人。我们可以看一下他的简历：

1978年12月～1983年11月呼和浩特大黑河牛奶厂养牛工人；

1983年11月～1992年11月呼和浩特回民奶食品厂（伊利

集团前身)工人、班长、车间主任、厂长;

1992年11月~1999年1月内蒙古伊利集团生产经营副总裁;

1999年1月~现在内蒙古蒙牛乳业(集团)股份有限公司董事长总裁。

这就是牛根生的人生轨迹。

但这看似简单的经历背后,是草原上养牛的孩子从一个制奶车间的刷奶瓶工成长位成功企业家的奋斗故事,是一个默默无闻的普通工人一鸣惊人做事业的故事。

1983年,25岁的牛根生进入呼和浩特回民奶食品总厂工作。在那里,他从一名洗瓶工干起,当过班组长、工段长、车间主任,一直做到主管生产经营的副总裁。

1999年,牛根生卖掉自己和妻子在伊利集团的股份,用100多万元注册了蒙牛乳业;又与股东们凑了1000多万元在一无市场、二无工厂、三无奶源的境地下创办了蒙牛乳业。如何让有限的资金发挥最大的效能?他创造性地提出先建市场再建工厂的策略,实现了蒙牛乳业的稳定起步。接下来的蒙牛乳业一发不可收,创造了一个又一个神话。短短十年,蒙牛从中国乳业的1116位上升至第1位,液态奶销量全国第一,牛根生个人也被评为"中国经济年度人物"、"中国十大创业风云人物"、"中国改革年度人物",并且在"25位最具影响力的中国企业领袖"评选中连续5年跻身前10位(2007年排名第4位),成为内蒙古企业家群体的杰出代表,也成为重量级的财富明星。

但牛根生也绝不是为了金钱而追求事业的人。2004年来,他年年将自己80%的年薪分给员工和产业链上的伙伴。改革开放就是要"先富带动后富,最终实现共同富裕"。2003年,蒙牛乳业提出了"企业生态圈理论",在企业生态圈上,蒙牛乳业与3万员工、30万物流销售队伍、300多万奶农、千万股民、亿万消费者结成命运共同体。

受益于改革开放政策先富起来的牛根生一直用行动实现着自己的人生价值，被公认为富人的典范，然而，如果从拥有的财产看，他绝对不属于富人。当大笔的财富向他涌来时，他没有一丝贪恋，全部捐给慈善事业。他说："蒙牛乳业1999年成立，2003年我就有了捐款意念，2005年把所有的股份正式全部捐了。"

2005年，牛根生捐出全部股份，创立了"老牛基金"，成为"全球华人捐股第一人"。"老牛基金"的用途为"3个面向"：面向教育事业，面向医疗事业，面向三农事业。牛根生是全球第一例捐出全部股份的企业家。2007年，他所捐出的股份市值已经突破40亿元。《凤凰周刊》将比尔·盖茨、巴菲特、李嘉诚、牛根生并称为"全球四大捐赠巨头"。

当然大有作为并不是指要当官、要当企业家，在平凡的岗位上一样可以大有作为。

"焊接巧匠"高风林，普普通通的技工学校毕业生，普普通通的焊接工人，他从一开始接触焊接，就热爱上它。他努力地学习各种焊接技巧。因为他平时工作的突出。一个个施展才华的机会常都选择了他。长征系列火箭的研制成功，里面印着高风林的名字，他精湛的技术，解决了多项火箭焊接难题。他用手里那把小小的焊枪，多次完成了国家的航天使命，维护了中华民族的尊严。他的成功，与他善于思考，勤于钻研分不开的，他的人生也如那束束炫目的烈焰，如此精彩，如此绚丽。

近年来，各地能工巧匠受政府重奖的报道时见媒体。"金牌工人"、"首席工人"、"专家员工"、"技术能手"……每一个岗位上都有机会让你做出成绩，每一份工作都大有作为，只要你努力去做，认真去干。

数不胜数的成功者用自己的成功向我们再次证明了当工人同样大有作为。其实，在当今知识经济时代，当好一名工人也非易事，工人特别是高级技术工人是将科技成果快速转化成生产力的关键载体，是效益和质量的直接实现者，是体力劳动和脑力劳动融为一体的新型劳动者，随着经济的发展和科技的进步，工人特别是技术工越来越受到社会的重视。可以看到，现在不少企业对技术工人的薪金已经大大提高，月薪5000元以上的招聘数控车工、钳工、电焊工等熟练技工的企业并不少见，技术工人收入不断提高，正是企业对工人价值的肯定，也是工人社会地位提高的一种表现。当工人也一样有所作为，一样收获成功、一样实现自我。

即使是普通工人，在平凡的岗位上，只要勤于思考，不懈努力，同样会干出一番事业。

54岁的浙江机床集团有限公司职工邱坚，在装配钳工岗位上干了30多年，他开发的数控缓进给成型磨床，填补了国内空白，近日在浙江省第三届金锤奖颁奖仪式上，与其他来自各行各业生产一线的20位能工巧匠获得省政府的100万元奖励。他以自己的行动证明，当工人同样前途无量。

邱坚始终坚持在实践中学习，将工作岗位当成课堂，把生产实践作为教材，将设备故障当作课题，把身边怀有一技之长的工友视为师傅，努力攻克了一个又一个技术难关，30多年扎根基层，为企业创造了丰厚的经济效益，他用自己的成就证明了知识型工人的价值。

从一个普通的电焊工人到全国劳动模范，最后牺牲在自己工作了十几年的岗位上的王为民；从一名机床操作工到全国五一劳动奖章获得者，到大学兼职教授的李斌；从一名钳工到中华技能大奖获得者的李凯军，以及“金牌工人”许振超，“油井女杰”束滨霞，“创新尖兵”罗东元，“精准操作手”康建平，“革新高手”鲁宾勋，他们都是普通岗位上做出辉煌成就的楷模，是普通工人普通岗位一样大有作为的最好的证明。

每一个岗位都大有作为，每一份工作都是一个成功的机会。只要我们努力去做，用中国工人的伟大精神激励我们，拥有中国工人的伟大品格，尽职尽责，认真努力，勤于思考，不断学习，成为企业最需要的人才，把自己的岗位工作做得尽善尽美，我们也一样有所作为，有所成就。

工作不怕普通，岗位不怕平凡，只要用心去干，就会大有作为。还是那句话：三百六十行，行行出状元。

第二章 立足岗位，敬业有为，平凡的岗位也一样大有作为

没有平凡的工作，只有平庸的工作态度。不论怎样平凡、普通的工作，只要你忠于职守、尽职尽责地去做，把自己的本职工作，自己该做的事做好，做圆满、做到优秀，做到卓越，再平凡的工作也一样可以大显身手，大有作为！

1.没有平凡的工作,只有平庸的工作态度

来自哈佛大学的一个研究发现:一个人的成功,85%取决于他积极的态度,而只有15%取决于他的智力和所知道的事实与数字。可以说,当我们在工作中没有更多更明显的优势时,那么积极的工作态度就是我们最大的优势。

一个名牌大学的毕业生,被分配到了一个山区当小学教师,为此,他感到非常失落。他不断地托人找关系,投送求职书,希望能够找到一份理想的工作。然而,不管他的求职书写得多么漂亮,却没有一家单位接纳他,因为所有的用人单位都不相信一个没有积极的工作态度、一个不能把本职工作做好的人的能耐。无奈之下,他只好面对现实,调整心态,勤勤恳恳地工作。数年之后,他真正地融入了山区小学的教学工作中,而这时候,他的教学能力也彰显出来了,他教的学生期期都很优秀,他的教学论文也频频在权威杂志上发表。这时候,很多的教育机构向他发来了邀请函,电视台和报纸都纷纷报道他的事迹,高度称赞他的教学水平和工作态度。最后他被评为省里的优秀教师。

我们每个人都面临着风雨起伏的坎坷人生和复杂多变的职场路程,其实,大自然从本质上赋予每个人的最初能力是一样的。然而,人与人之间存在的差异归根结底就是因为人生态度的差异。

如果说,出身和学历是走向成功的阶梯,那么正确的工作态度就是使你更快迈向成功的助推器。很明显,出身和学历一旦成型,就很难改变,而态度则不同,一个人的工作态度完全可以自己把握。能不能登上成功的巅峰主要取决于你对待这座山峰的态度。

任庆胜出身于干部家庭,从1993年工专毕业参加工作起,他就牢记父亲的教导,虚心向同事们学习,在线路工区这个脏活、累活最多的岗位上一干就是12年。12年来,他牺牲的休息时间达1200多天,算起来有4年多,要算加班费,至少也要拿六

七万元。可他无怨无悔，不计报酬，光是大型输变电工程就搞了10多项，立铁塔570多座。一条条线路，一座座铁塔，都洒下了他辛勤的汗水。

2005年初，宿迁市招商引资龙头企业彩塑包装公司因扩大生产规模，急需架设一条高压专线。由于距离电源点远，这条35千伏高压线全长3.5公里，要立15座双回铁塔，任庆胜带领两个施工班早上踏着霜冻走，晚上顶着星光回，他战严寒，斗雨雪，从勘测线路到立铁塔，长达两个月的时间未吃一顿舒心饭，未睡一次囫囵觉。4月6日这天要抢架两座33米高的跨越京杭大运河的铁塔，水上放线要考虑船舶通行安全，一旦长时间堵塞，容易造成事故。他早上6点就赶到施工现场，准备好电缆船，再把施工两侧50米内的船只拖走，他手持对讲机奔波在运河两岸，8点30分，牵引机开始启动，听到海事局的值班人员发出“现已断航”的信号后，他一声令下：“开始放线！”他和施工队员快速登上两艘铁皮筏，用钢丝绳牵引着8根导线向河对岸前进。随着轰隆隆的机器声响，当导线被慢慢地拉出水面时，突然一只挂桨船不顾海事局的值班人员的阻拦，冲进施工区。“危险！”任庆胜大叫一声。海事局的值班人员开着汽艇冲到挂桨船前面，急令停航，避免了一场重大事故。全体施工队员都长长地舒了一口气。由于准备充分、部署周密，从放线到导线升空原计划要用6个小时，结果仅用4个小时就提前完成了。

任庆胜一天到晚忙于工作，不知苦和累，工友们看了都感到心痛。2004年8月，宿豫经济工业园区润泽金属制品有限公司投资1000多万元新建一座110千伏变电所。这项工程时间紧、任务重、难度大，仅城区双回线路就要架设6.5公里，全线要立25座铁塔，同时跨越3个开发区，2条一级公路和大运河，地形复杂，技术要求高。时值盛夏酷暑，太阳就像一团大火球，任庆胜身背几十斤的测量定位仪器，带领技术员艰难地跋涉在玉米地和水稻田里，勘测线路走向，到晚上，两腿起满红疙瘩，奇痒无比。20多个日日夜夜，他瘦了10多斤，脸还被晒脱了一层皮。一次他家里有事，母亲把电话打到办公室和工地，总找不到人，母亲生气地骂了一句，这孩子就卖给公司吧。岳父患阑尾炎，医院要做切除手术，医生要家属签字，可任庆胜在工地上来不了，等他赶到医院时，手术已经做完了。妻子看着他那布满血丝的双眼和沾满泥水的衣裤，难过地流下了眼泪，他只好在心里请求岳父原谅。

平凡的人安于平凡的生活，却在做着不平凡的努力。而平庸的人不安于平凡，却因为放弃努力，不得不过平庸的生活。平凡和平庸的区别在于：平凡的人把平凡的工作做成伟大，平庸的人则使崇高的工作变得卑下。平庸是一种既被动又功利的人生态度。有着平庸态度的人诸事平平，没有一事精通。平庸不但分散人的精力，而且永远不会把人们引向成功。只有那些具有卓越的工作态度，把工作当作自己的事业来做的人，才能把工作做到优秀，让自己走向卓越，直达成功。

黄华是神龙公司武汉工厂通技分部焊装维修工段的一名机械技术员，从事汽车生产设备维修工作已经30多年了。他曾连续4年被神龙公司评为优秀共产党员，2002年荣获全国机械行业有突出贡献的技师荣誉称号，2003年荣获武汉五一劳动奖章和湖北省五一劳动奖章。

黄华10年如一日，默默耕耘，忘我工作。自1995年进入神龙公司以来，他就没有休全过一次长假，五一劳动节、高温假、国庆、元旦、春节，当其他人家庭团聚、外出旅游，享受着天伦之乐的时候，他却像一只累不死的“老黄牛”一样，一头扎在了设备检修的第一线。

黄华对工作认真负责，对人真诚，在工作中体现出了一名工人阶级先进代表的优秀品质，以卓越的工作态度成就了自己卓越的工作。他总是冲锋在前，把困难和危险留给自己，令每一个与他打过交道的人都交口称赞。工厂称他是“设备的守护神”，是维修工作的“活字典”，是青年工人们的“严师”，又是困难时

“总是走在前面的好带头人”。

有一次，焊装分厂调整线升降机在20米高的空中卡死了，已将运行轨道拉变形，动弹不得。需要在高空拆卸零件，非常危险，黄华一边安排大伙搬来氧气瓶、电焊机以及更换用的备件，一边系上安全带亲自上阵。大家考虑到高空作业危险较大，都争着要上去，黄华执意不让，只让大家在地面配合。他在高空整整苦战3个小时，升降机才恢复了运转。事后，黄华说：“不让年轻人上去，是因为他们还缺乏高空作业经验，这与其他活不同，要先让他们看明白，多积累经验才能放心让他们干。”在遇到急、难、险、重的工作任务时，黄华总是把危险留给自己，把安全让给他人，难怪工人们说：“黄华走路快，哪里有困难、有危险，他总是走在大家的前面，就像一面高高飘扬的红旗！”

你的态度，决定了工作的高低贵贱；你的态度，就是平凡和平庸的分水岭。“**人可以一生平凡，绝不能一世平庸。**”能正确地认识到这一点，就是成就辉煌的开始。

我们说世界上没有卑微的工作，每一份工作都值得我们全力以赴做到最好。倘若你将工作分为高尚与卑微，那么，你的态度在起点就出了差错，平庸也就在那时注定了。

把平凡的人生融入生命的亮色，要的就是你的态度。不论你有多么平凡，多么渺小，只要在平凡的生活中尽心地付出与追求，不断地充实和完善自己，那么你就不是一个平庸的人。

一个成功的企业家讲过这样一个故事：

为了募捐，学校准备排练一部叫《圣诞前夜》的短话剧。告示一贴出，妹妹安娜便热情万丈地去报名当演员。定角色那天，到家后她一脸冰霜，嘴唇紧闭。“你被选上了吗？”我们小心翼翼地问她。“是。”她丢给我们一个字。“那你为什么不开心？”我壮着胆子问。“因为我的角色！”《圣诞前夜》只有四个人物：父亲、母亲、女儿和儿子。“你的角色是什么？”“他们让我演狗！”说完，妹妹转身奔上楼，剩下我们面面相觑。妹妹有幸出演“人类最忠实的朋友”，全家不知该恭喜她，还是安慰她。饭后爸爸和妹妹谈了很久，但他们不肯透露谈话的内容。总之，妹妹没有退出。她积极参加每次排练，我们都纳闷：一只狗有什么可排练的？但妹妹练得很投入，还买了一副护膝。据说这样她在舞台上爬时，膝盖就不会疼了。妹妹还告诉我们，她的动物角色名叫“危险”。我注意到，每次排练归来，妹妹眼里都闪着兴奋的光芒。然而，直到看了演出，我才真正了解那光芒的含义。

演出那天，我翻开节目单，找到安娜的名字：珍妮——危险（狗）。偷偷环视四周，整个礼堂都坐满了人，其中有很多熟人和朋友，我赶紧往椅子里缩了缩。有一个演狗的妹妹，毕竟不是很有面子的事。幸好，灯光转暗，演出开始了。先出场的是“父亲”，他在舞台正中的摇椅上坐下，召集家人讨论圣诞节的意义。接着“母亲”出场，面对观众坐下。然后是“女儿”和“儿子”，分别跪坐在“父亲”两侧的地板上。在这一家人的讨论声中，妹妹穿着一套黄色的、毛茸茸的狗道具，手脚并用地爬进场。但这不是简单地爬，“危险（妹妹）”蹦蹦跳跳、摇头摆尾地跑进客厅，她先在小地毯上伸个懒腰，然后才在壁炉前安顿下来，开始呼呼大睡。一连串动作，惟妙惟肖。很多观众也注意到了，四周传来轻轻的笑声。接下来，剧中的父亲开始给全家讲圣诞节的故事。他刚说到“圣诞前夜，万籁俱寂，就连老鼠……”“危险”突然从睡梦中惊醒，机警地四下张望，仿佛在说：“老鼠？哪有老鼠？”神情和我家的小狗一模一样。我用手掩着嘴，强忍住笑。男主角继续讲：“突然，轻微的响声从屋顶传来……”昏昏欲睡的“危险”又一次惊醒，好像察觉到异样，仰视屋顶，喉咙里发出呜呜的低吼。太逼真了，妹妹一定费尽了心思。很明显，这时候的观众已不再注意主角们的对白，几百双眼睛全盯着妹妹。妹妹幽默精湛的表演没有间断，台下的笑声更是此起彼伏。

那晚，安娜的角色没有一句台词，却抢了整场戏。后来，安娜说让她改变态度的是爸爸的一句话：“**如果你用演主角的态度**

去演一只狗，狗也会成为主角。”

这个故事应了演艺圈的一句流行语：没有小角色，只有小演员。命运赐予每个人不同的角色，如果你不幸被分配到饰演一个小角色，那么与其怨天尤人，不如全力以赴。因为再小的角色也有可能变成主角，哪怕你连一句台词也没有。

在职场中也是如此，工作对于我们每一个人来说，都是重要的。抱着敷衍的态度工作是永远也不可能有收获的。也许我们从事的是很平凡、很普通的工作，也许我们现在就是一个跑龙套的小演员，但是小演员又怎样呢？小演员身上也能放射出巨大的光芒，这完全取决于我们自己的心态。如果我们用“小”的心来演绎自己的人生，那么只能是不受重视的小角色。如果我们用“大”的心去演好每一个角色，那么，即使是一个小角色，也能演出主角的风采。

演好“小角色”，就能成为“大演员”。无论岗位大小，每个工作岗位都承担着一定的社会责任，都有一定的价值和意义。只有在自己的工作岗位上充分发挥聪明和才智，最终才能成为一个卓越的人。

出生于1962年4月的罗发兵是重庆市云阳县人，他曾参加过大秦铁路、滨洲铁路复线、京九铁路、内昆铁路、朔黄铁路、黎南铁路复线和诸多地方的公路工程建设。现为中铁十三局青藏铁路指挥部第一项目部的一名推土机司机。

2003年初，当青藏铁路需要抽调人员时，有的人心存顾虑：身体能受得了吗？能挣多少钱啊？到底值不值？对这些问题，罗发兵也不是没想过，但他在决心书中表白：青藏铁路是国家西部大开发的标志性工程，是没有铁路的最后省份西藏的第一条铁路，能参加这项工程，是我一生的荣幸和骄傲，是人生最大的价值体现。

在没去青藏铁路之前，作为一名普通工人的罗发兵，已经在整个中铁十三局很有名气。1980年12月，罗发兵参军加入铁道兵第三师。在部队期间，他曾多次受到连、营、团级奖励，荣立二等功2次，三等功4次。在1984年兵改工后，他在自己平凡的岗位上默默耕耘，忘我工作，先后荣获“内昆铁路十大功臣”和“朔黄铁路施工先进个人”称号，多次获得“机械驾驶能手”、“红旗驾驶员”、“机械保养标兵”等称号，以及记功、记大功的奖励，为国家的基础设施建设做出了积极贡献。熟悉他的人都叫他“铁马”。这不仅是因为他干活有“铁马”的劲头，还因为他对机械设备的深入研究、熟练驾驭和精心爱护。

罗发兵驾驶的机械 20 多年没有发生一次事故，这在中铁十三局是很少见的。他虽然文化程度不高，平时默默无语，但肯于钻研，善于研究。他自学了《机械工人识图》、《内燃机原理》等 20 多本专业书籍，做了 40 多本读书笔记。他在机械维修上提出了 10 多条合理化建议，仅在中铁十三局就创造出 100 多万元的经济效益；他善于把机械旧的配件变废为宝，自己加工和改进机械配件，多年来节省开支 7 万多元。

罗发兵非常重视机械保养，爱机械如爱孩子，上班精心驾驶，下班细心养护。他视机械为自己的生命，一次由于地质原因，他和自己驾驶的推土机几乎随下陷的基地落入 V 字型的山沟，当时他完全可以舍弃机械，自己跳车脱离险境，但他置生命于不顾，以冷静的态度和精湛的技术巧妙刹车，避免了 30 多万元的设备损失。

罗发兵所在的青藏铁路 25 标段工地，海拔 4770 米。2004 年 9 月，看到工期吃紧，工友们倒班非常劳累，他主动提出多承担任务，另外让队长多安排更艰苦的夜班给他。在西藏那曲地区，夏天夜间气温达到零下 5 摄氏度，为了保持头脑清醒，保持驾驶室内有充足的氧气，他一直开着驾驶室的窗户；秋天夜间气温下降到零下 20 多摄氏度，在能见度很低的情况下，他是唯一一名能安全优质完成夜间任务的司机。许多最艰巨的任务都由他完成，因此，他也被称为能完成“硬骨头”施工任务的横刀立马之人。

在施工过程中，尤其是繁忙时期，机械出现故障较多，谁的机械出现故障，罗发兵二话不说，及时赶到帮助抢修。在日常生活上。如果有的工友身体出现不适，他都主动请医送药、洗衣打饭。在2003年“非典”期间，他主动放弃休息时间，担当了全队的测温、消毒、记录等工作。在青藏高原两年多来，他的身体也受到较大损害，他注意吃药、吸氧，但没有形成心理压力，仍然忘我地工作，同时，鼓励周围的工友放下思想包袱。

从入伍到现在20多年来，罗发兵累计休假时间不超过30个月，孩子出生、妻子父母病重都没能回家探视。至今，他的家仍然在故乡重庆。2004年，重庆有个个体老板了解到他的过硬技术，多次想要聘请他。既能调回老家，待遇也比现在高，他却没有动心，说是自己之所以有今天，是中铁十三局多年培养教育的结果，自己要报效企业和国家。

自2003年奔赴青藏铁路建设一线以来，罗发兵曾先后荣获西藏自治区劳动模范和全国五一劳动奖章获得者等荣誉称号。2004年6月22日，作为唯一一名来自基层的工人代表，他参加了青藏铁路安多段铁轨铺架开工仪式，亲眼见证了西藏自治区结束没有铁路的历史，还受到中央领导的专门接见。

成功是在平凡中累积和沉淀的。不能以正确的心态看待平凡，吃亏的终将是自己。如果你一心想着“一飞冲天”，却不脚踏实地地走好每一步路，最终也只能做个成功的“空想主义者”。只有以认真踏实、勤奋努力的态度来工作，工作才会回报给你最甜美的微笑。

被尊称为“发哥”的香港演员周润发，在成名之前也曾从事过许多现在年轻人嗤之以鼻的工作，他没有看轻任何一份工作，反而以亲身经历向年轻人说明：职业无贵贱之分，不能轻视自己的工作。

发哥说：“工作无贵贱之分，我做过信差、门童与杂工，日薪8元我都做过。电视台第一份合约月薪500元、第二年700元，最红时拍电视剧《狂潮》，月薪也只是700元。那又怎么样？有工作寄托起码有奋斗心，不要说‘贡献社会’那么伟大，但可以证明自己的存在价值。以前的工作经历,对我后来的演艺生涯十分有帮助,每个行业的人都要靠经验摸索成长。”

在这个世界上,没有卑微的工作,只有卑微的工作态度。是的,有这样一些工作,它们看上去并不高雅,工作环境也很差劲,人们似乎也不太关注它。但是,我们千万别因此而轻视这样一份工作,我们要用这样的尺度去衡量它:只要它是有用的,就值得你去做。努力去做好你的工作吧,并时刻记住:世界上没有卑微的工作,只有卑微的工作态度。

2.岗位是走向卓越人生的支点

美国商界名人约翰·洛克菲勒曾对工作做过这样的注解:“工作是一个人施展才能的舞台。我们寒窗苦读来的知识、我们的应变力、我们的决断力、我们的适应力以及我们的协调能力都将在这样的一个舞台上得到展示……”可见,工作岗位是人生旅途拼搏进取的支点,是实现人生价值的基本舞台。你的卓越人生从你的岗位开始,你的辉煌成绩也必然从你的岗位起步。

马妮娅,昆明卷烟厂动力部修理工。1995 北京农业大学毕业后到昆明卷烟厂工作,1996 年至今在动力部从事电气仪表维修工作。10 年来,她凭着自己默默耕耘、忘我工作的精神以及扎实的理论知识与刻苦钻研,逐步成长为一名优秀的电气技术人员,由她参与和负责的多项技术创新活动效果良好。一份耕耘就有一份收获,2004 年,马妮娅被评为“昆明卷烟厂三八红旗手”。

修理工这个岗位很平凡,尤其是对于女性修理工来说,多了些特殊。女同志干修理能吃苦吗?动手能力强吗?不怕脏、不怕累吗?这是她上班第一天就感到的压力。带着不安和压力,在领导和同事们的关心和帮助下,她接下了自己的工作任务,每天来回奔波于厂区各个站点间,不断熟悉设备的工艺流程和控制原理。在做好设备的日常维护及各项大小检修的同时，遇到突发性的设备运行故障时，她总是快速跑到现场处理，和同事们齐心协力保障设备的安全有效运行。每当看到经过维修的设备又顺利运行起来时，她内心对自己的这份工作又多了一份认可。

由于现在许多工业设备都采用PLC控制技术，为了让自己尽快掌握各水泵站及厂内新建中水站所采用的PLC控制技术，在2003年7月份烟草城水泵站自控系统改造期间，从设备安装、调试直到运行，马妮娅都一直守在现场，与外协单位的人员一起进行系统安装、调试。她边做边学习，不懂就向专家请教，每天晚上吃完饭后饭碗一推，又跑到水泵站，抱着图纸资料，对着程序一点一点地查看。她就水泵设备存在的问题和不足之处，多次与同事们一起积极探讨，不断克服技术上一个又一个的难关，对水泵自控设备进行了一系列的技术改造，并取得了显著的成绩。如沙沟4号水泵站的进水池原来采用水池旁机械标尺显示水位，操作工观察水位需跑到室外水池旁看此标尺，再回机房内采取措施控制水位，这在一定程度上浪费了人力和时间，而且精确度很差。2002年3月，她查阅资料后采用精度很高的德国E+H超声波传感器和E+H变送器来采集水位模拟信号，彻底解决了以上问题。并用EN880无纸液晶数显仪取代了传统的小长图记录仪，实现了多通道的水位、消防压力等的实时监控。

2001年，马妮娅和动力部的技术人员一起利用业余时间翻译相关技术资料，查阅图纸，现场踩点查看，自行设计控制回路，利用现有的元器件和备件，对水泵自控设备进行了一系列技术改造，取得了良好的效果。其中，沙沟消防泵软启动系统的改造，为昆明卷烟厂节约了10多万元的改造资金，获得了2001年“昆烟企业青年职工创新创效二等奖”。

2002年年底，昆明卷烟厂厂区内的八五水池改为中水储水池后，为把中水站做好的中水供到厂内大片急待浇灌的绿化草坪及树木景观区内,厂领导决定把原泵站内已停用的消防供水大泵改为厂区绿化带供水泵。她一点一点地查找线路,重新布线,反复试验多次,最终做成了一套带水位数显及压力联锁的水泵自控系统,出色地完成了领导交给她的任务。

马妮娅还是动力部里的兼职计量员,在建立各类仪表的电子台账和定期送检工作的同时,她承担了全厂一级、二级水表及外供水水表的统计工作,所有水表从主厂区各部门到烟草城、沙沟各处供水用户点,零散分布在各个角落里。

随着用水管理的逐渐完善,这些水表从一开始接手的 20 多只增加到现在的 70 多只,为了掌握第一手数据资料,准确统计出各级用水量,她每次都要步行七八公里才能把这些水表统计完。碰到水表堵塞不转或前后阀门滴漏的情况时,她还要反复跑几趟和同事们上去及时处理。

10 年的风风雨雨,在一步一个脚印的工作中,马妮娅已成功地把自己全身心地融进了昆明卷烟厂的发展中。她说:“我自豪我是昆烟这个大家庭里的一分子。”

人的天职是工作,正如蜜蜂的天职是采花造蜜一样。人们赞许工作,人们崇尚工作,就因为工作是人的天职,是人根本的使命,也是一个人安身立命的根本,更是实现自我的舞台。任何工作,都会让我们掌握到很多相关知识和工作经验,这些都是我们谋生并图发展的根本。

无论处于什么岗位,或者做什么工作、什么事,都应该重视,用责任的泥土、热情的雨露,培育你的工作之花,让它远离平庸的土壤。相反,如果轻视自己的工作,不认真对待它,那你迟早会栽跟头的。

王林从某名牌大学中文系毕业后,被分配到一家出版社工作。他一心想干一番大事业,一开始,领导只分配他校对文稿,原本是有意锻炼他的耐心与毅力,可是他认为是大材小用,经常在心里抱怨,工作起来自然毫不认真,经他校对的文稿错误百出。领导认为,连文稿都校对不好,在出版社还能干什么重要的工作呢? 于是王林被辞退了。

如果我们像王林那样，以敷衍的态度对待工作，每天被动地、机械地工作，同时不停地抱怨工作的劳碌辛苦、没有任何趣味，那我们的境况会自己变好吗？收入会增加吗？会开心吗？答案显而易见——不会。只有全身心投入工作，视平凡的工作为终生的事业，充分焕发热情，才能告别平庸的生活，最终享受不平凡的成功。

用5分钟思考一下：你在这个世界上选择什么样的工作？为什么工作？如何对待工作？从根本上说，这不是一个关于做什么事和得多少报酬的问题，而是一个关乎生命意义的问题。想一想，如果你的一生没有工作可做，那将是多么空洞虚浮、百无聊奈的人生啊。所以，要珍视自己的工作，热爱自己的工作，以满腔的热忱和卓越的态度来工作，工作才有乐趣，人生才会精彩。

你做什么工作不重要，重要的是你以什么样的态度来工作。有卓越的态度，不管什么样的工作都会让你收获到人生的美好。

47岁的陈金续，金门人，10多岁离乡，到台湾打拼，做到陶瓷厂厂长，却因工厂大举外移、股票被套牢在最高点，惨赔800万元。所有的财富在顷刻之间就化为了乌有。失去了一切以后，陈金续便当起了清洁工，当清洁工的日子里，他虽然极度颓废，但工作仍然认真努力，每次都把地板拖得干干净净的。当了三个月的清洁工，也让他心渐渐平静下来了，他觉得，不能再这样下去了，如果在颓废下去。将再也没有翻身的机会了。努力了不一定会成功，但是不努力就一定不会成功。陈金续便决定振作精神重回本业。他的优势只有陶艺，这门技术是过硬的，他还是想着做自己的老本行。他小时候在金门时，捡到一只丢弃的笛子，一路吹吹玩玩，上音乐课后，才知道自己的笛与同学的笛在音准上与同学的不同。这时他想到了做陶瓷的乐器。他做陶笛除求有声，还求音准、指法都要对。刚开始时只带了2箱摆摊，打算能卖得出去，就很好了。没想到，开卖第1天，不仅赚到了钱，还赚到希望。因为在那里有很多美、日、新、马游客，香港人尤其爱九份的沧桑，搭配陶笛的凄凉，更加对味。只要他在现场吹，游客几乎都会买。他发挥自己懂土，开模、调音、烧制都能亲手包办的优势，做出奶瓶、猪公等造型，即使吹16音，指法也能连贯，借此揽客。他会自己开模、烧制，在宜兰传艺店门口摆满各式素胚，向客人讲解、演奏，提高商品价值。为了把这份生意做下去，他赶紧找店面，扩大营业。他不会硬塞1只1000元的陶笛给初学者，反叫对方从100元入门款买起，常让人以为他“笨”，而客人却欣赏他实在。凭借着这种实在劲和苦干精神，他的产品现在已经越来越受欢迎。

工作不分贵贱，岗位没有高低，区分他们的，就是态度。在这个世界上，没有卑微的工作，只有卑微的工作态度。《福布斯》杂志的创始人B.C.福布斯说：“做一个一流的卡车司机，比做一个不入流的经理更光荣，更有满足感。”

波士顿有一位名叫比利·格雷的商业巨子，在责备一位机械师工作不够认真时，遭到了机械师的反击。这位机械师叫嚷道：“我告诉你，比利·格雷，你说的这些话让我无法容忍，我很清楚你的底细。你以前不过是乐团里的一名无名的鼓手罢了。”格雷回答道：“你说得不错，我当时确实是一名鼓手，但我击鼓不是击得很好吗？”

不管你做什么样的工作，只要你做得足够好，你一样可以找到自信，为自己骄傲和自豪，一样可以获得人生的辉煌，取得事业的成功，没有人可以否定你的价值。哪怕是一个普通的掏粪工。

时传祥，生前是北京市崇文区粪便清洁队的一名环卫工人，全国著名的劳动模范。1959年，他曾光荣地出席了全国群英会，并被选为大会主席团成员，党和国家领导人亲切地接见了他。当时，刘少奇同志曾握着他的手说：“你掏大粪是为人民服务，我当国家主席也是为人民服务，都是人民的服务员。”这句话不知激励了多少人全身心地投人到火热的社会主义建设事业中去，时传祥也因此成为家喻户晓、人人皆知的模范环卫工人。

1915年，时传祥出生在山东省齐河县赵官镇大胡庄一个贫苦的农民家庭里。他14岁逃荒流落到北京城郊，受生活所迫当上了掏粪工。在旧中国，掏粪工不仅受到社会的歧视，还要受行业内部一些恶势力的压榨和盘剥。时传祥在这些粪霸手下一干就是20年，受尽了压迫与欺凌。

解放后，新中国给了他做人的尊严，工人阶级当家作主使他扬眉吐气，他对党充满感激。他用一颗朴实的心记住了一个通俗的道理：掏粪也是社会主义建设事业的一部分。他以身作则，以苦为乐，不分分内分外，任劳任怨，满腔热情，全心全意为人民服务。1952年，他转到粪便环卫队工作，卸下了套在脖子上的手推车，换上了畜力车，不久又换上了大汽车，劳动强度大大减轻。时传祥打心眼里高兴，恨不得把全身的劲都使出来。

掏大粪是一件又脏又累的活，由于旧社会留下的偏见，许多人都不愿意当掏粪工。可是时传祥却感受到了党和政府对环卫工人的关怀。他工作积极，把掏粪当成是一件十分光荣的工作，宁可一人脏，换来万家洁。东厅儿胡同34号的一个茅坑因为浅，所以常常漫出来。时传祥掏完粪后就搬来一些砖，把这个茅坑加高了。花市二条一家新砌了茅坑，留下个马桶没地方放，可是头条胡同里另有一户人家的马桶却坏了，他就主动地把马桶捎给这户人家。大雨后，花市下四条有一户人家茅坑的墙塌了，许多砖块倒在粪坑里，时传祥弯下腰用手把茅坑里的砖头一块块地拣出来，掏完了粪又用水把砖和地面冲刷得干干净净。这家的老大爷出来一看，感激得不知说什么好，直问时传祥叫什么名字："你告诉我吧，好让我写信表扬表扬你。"时传祥却说："老大爷，你不要表扬我了，这是我的责任。"说什么也不肯把自己的名字告诉老大爷。有些青年掏粪工人嫌干这活丢人，想转到工厂去，他就亲切地教导他们："不论干什么工作，都是为人民服务。如果一个月不掏粪，大粪就会流得满街都是。你也愿意上重工业，我也愿意上重工业，不行啊！总得有人清理粪便呀！"这朴实的话语，说得那些青年掏粪工人心服口服。

勤勤恳恳的工作，赢得了人民群众的信任和爱戴。1956年，时传祥当选为北京市崇文区人民代表。同年6月，他又光荣地加入了中国共产党。

时传祥对掏粪这项工作更加积极了。别人一天背70～80桶粪，他背90桶粪。他一户挨一户地掏，累得汗流浃背也不肯休息。他对大家说："我已经干了30年的掏粪工作，只要人民需要，我还要干它30年、60年。党需要我干到什么时候，我就干到什么时候。"

美国著名黑人领袖马丁·路德·金曾经说过这样一句话："如果一个人是清洁工，那么他就应该像米开朗琪罗绘画、像贝多芬谱曲、像莎士比亚写诗那样，以同样的心情来清扫街道。他的工作如此出色，以至于天空和大地的居民都对他注目赞美：瞧，这儿有一位伟大的清洁工，他的活儿干得真漂亮！"时传祥用自己卓越的行动诠释了这句话。

工作不怕平凡，岗位不怕普通。无论你从事的工作多么琐碎、多么平凡，都不要看轻看低它，所有正当合法的工作都是值得尊敬的，每一个岗位都以成为你走向卓越人生的支点。只要你诚实地工作，没有人能够贬低你工作的价值，关键在于你是如何看待自己的工作的。如果不管什么样的工作都能够用心地对待，那么未来的路一定能够越走越宽。

田秀丽是辽宁省沈阳市大东区环卫六所的一线清扫工人，在清扫岗位上已经默默工作20多年了。20多年来，她脚踏实地，任劳任怨，把全部的精力和心血都投入到她所热爱的环卫工作中，用爱为社会服务，用心为城市美容，在平凡的工作岗位上留下了她闪光的足迹。

田秀丽自1980年参加工作以来，就一直坚守在清扫岗位上。她主要负责望花南街近1万平方米的路段清扫工作，这条路是沈阳市的主要干线。她工作责任心非常强，经常是脏活、累活抢着干。从不计较个人的得失。清扫工作看似简单、易学，但做好却并不容易，尤其是始终如一、一如既往地常年做好，并不是一件容易的事。多年的清扫工作使她积累了一定的工作经验，也总结出了一些提高工作效率的好方法。一年四季、春夏秋冬，每个季节都会受自然情况的影响，如初春的积冰、夏季的积水、秋季的落叶、冬季的积雪，都会给清扫工作带来很多困难，处理得不好，不及时，不到位，就会直接影响工作进度和作业质量。每当这时，田秀丽总是凭借自己多年的工作经验，主动提前处理好自己路段上存在的各种问题。她以自己的苦干、巧干、实干，赢得了班组同事们的敬佩。2002 年，她被大家推选为清扫班长，在她的带领下，她所在的班组胜似一个温馨的大家庭，人人团结得像一股绳，她也被大家亲切地称为清扫工人的好姐妹、好楷模。

田秀丽在工作中脚踏实地，勤勤恳恳，任劳任怨，无私奉献。2003 年 10 月，田秀丽做了一次大手术，手术后很长时间她的身体都没有完全恢复，但她想得更多的还是工作，无论是日常工作还是集中突击整治，田秀丽总是干在最前头，哪里的活最脏、最累、最难干，哪里就有她的身影。她说："我是一名普通的环卫工人，我要在平凡的岗位上尽我最大的努力，把工作做到最好。"她是这样说的，也是这样做的。冬季刨冰，有时男同志都吃不消，而她却总是二话不说，抡起镐就刨，汗水湿透了衣服也全然不顾。同志们看在眼里、疼在心上，多次劝她回家休息，她却说："我没事，我多干一锹，你们就少干一锹，最辛苦的还是大伙。"在田秀丽身上，有一股永不服输、永争第一、积极进取、奋发向上的精神，她始终坚信，别人能做到的，她一定能做得更好。

田秀丽住在沈阳市沈河区五爱市场附近，每天要骑 40 多分钟的车才能到单位，但她从来没有因为家远而向组织上提出任何要求。20 多年来，每天清晨 4 点半她准时到岗，对自己所管辖的路段和人员认真负责，无论刮风下雨、酷暑寒冬，从未迟到、早退过。她的爱人是一家商店的员工，他非常理解、支持田秀丽的工作，为了让她更安心地工作，主动把家务都承包了下来，全力照顾这个家和孩子。有了家人的支持，田秀丽更加努力地工作。她不但工作突出,而且非常有爱心,经常关心身边的困难员工,帮助身体不好的清扫工人作业,使她们深受感动。一天,在回家的路上,田秀丽发现路边躺着一位老人,听说是癫痫病犯了,她从心里着急,为了能与老人家属取得联系,她没有顾上回家,一直照顾着老人,等老人醒来后,问明了电话号码,并与病人的家属通了电话,告知了情况,直到老人被家人接走她才放心地回家。事后老人的家属为了表达谢意,多次找到她,请她吃饭,都被她婉言谢绝了。

她就是这样一个普普通通的环卫一线清扫工人,但她却以自身的言行,默默地影响和带动着身边的同事积极进取、奋发向上,塑造了新时期环卫工人的崭新形象。

阿尔伯特·哈伯德说:“一个人,如果他不仅能够出色地完成自己的工作,还能够借助于极大的热情、耐心和毅力,将自己的个性融人工作中,令自己的工作变得独具特色,与众不同,带有强烈的个人色彩并令人难以忘怀,那么这个人就是一个真正的艺术家。而这一点,可以用于人类为之努力的每一个领域:经营旅馆、银行或工厂,写作、演讲、做模特或者绘画。将自己的个性融人工作之中,这是具有决定性意义的一步,是一个人打开天才的名册,将要名垂青史的最后三秒钟。”

极其出色地完成自己的工作是否真的能让一个人成为艺术家或者天才,谁也不知道,但是有一点是千真万确的:岗位其实就是我们走向人生卓越的支点,一个人只有尽己所能、全力以赴地完成自己的工作,才能依靠岗位这个支点,在平凡的的起跑线上甩掉平庸,追赶卓越。

3.把职业当事业,把平凡的工作做出不平凡的业绩

职业是我们谋生的手段,也是我们事业的起点,每个人的事业都是从职业开始起步的。职业是事业的起点,也是事业的基石,所以不要轻视你的工作,而应当重视工作,哪怕是最平凡最不起眼的工作,也要认认真真

地去做，才能真正迈好事业的第一步，才能真正把自己的职业做成事业。

许振超就是把职业当成事业的起点来对待，并最终做成了自己的事业的典范。

许振超的身份很普通——一个普普通通的码头工人，许振超的工作很普通——一个普普通通的吊车司机，但他从来没有轻视过自己的工作，从来没有把工作当差事来完成的敷衍态度，而是认认真真、踏踏实实，把普通的工作当成自己一生的事业来对待。始终忠于职守、尽职尽责，因此最终收获了事业的成功。

1950 年 1 月 8 日，许振超出生在一个贫穷的工人家庭。文化大革命的狂风吹跑了许振超的读书梦，1968 年，只上了一年半初中的他，当了一名工人。

1974 年，许振超进入青岛港，成为一名码头工人。他操作的是当时最先进的起重机械——门机。许振超勤学苦练，7 天就学会了开门机，是在一起学习的众多学徒中第一个能够独立操作的工人。然而，会开容易开好难。老司机开门机，钩头起吊平稳，钢丝绳走的是"一条线"；到了许振超手里，钩头却稳不住，钢丝绳直打晃。特别是矿石装火车作业，一钩货放下，洒在车厢外的比装进车厢内的还多。看到工人们忙着拿铁锨清理，许振超十分内疚。还有，矿石装火车装多了，工人要费不少劲扒去多的；装少了，亏吨，货主不干。为了早日掌握这项技术，每次作业完毕，别人都休息了，许振超还留在门机上，练习停钩、稳钩。几个月后，他开的门机钢丝绳走起来"一条线"了，一钩矿石吊起，稳稳落下，不多不少，正好装满一车皮。这手"一钩准"的绝活，很快就被大家传开了。

一次，许振超干散粮装火车作业，发现粮食颗粒小，更易撒漏。他便在工作之余，吊起满满一桶水，练习走钩头，直至练到钩头在行进过程中滴水不洒，再去装散粮。果然，一抓斗下去。从舱内到车内，平平稳稳，又一手绝活"一钩清"练成了。因为许振超的活干得干净利落，装卸工人们的二次劳动强度大大减轻，谁都愿意跟他搭班。

1984年,青岛港组建集装箱公司,许振超当上了第一批桥吊司机。许振超又钻研上了。桥吊作业有一个减速区,减速早了。装卸效率下降;减速太迟,会影响货物安全。于是,他带上测试表反复测试,终于成功地将减速区调到最佳位置。调整前一台桥吊一小时吊14个箱子,调整后能吊近20个箱子,作业效率大大提高。

一次,一场大雾使整个码头的装卸作业被迫停下,直到中午雾仍不散。货轮的船长急忙找到许振超,请求马上把集装箱卸下来。原来,该货轮装载的全是冷藏箱,不巧这时供电电源发生故障,如果不及时抢卸,一旦冷藏箱内温度升高,货物就会变质,要造成几百万元的损失。

一台桥吊有十几层楼那么高,而集装箱上起吊用的4个锁孔每个不过一块香皂大小。司机在40多米高的桥吊上,要让重达几十吨的吊具的4个爪准确插入集装箱的锁孔中,好天气操作起来都不那么容易,何况大雾弥漫。

艺高人胆大,许振超一咬牙答应了。他在船上、岸边各安排了两个经验丰富的老司机,通过对讲机随时报告集装箱的准确位置,自己登上桥吊,精心操作。随着船上、岸边清晰的报告声,一个个集装箱一钩到位,顺顺利利地全卸了下来。许振超硬是凭着过硬的功夫、娴熟的技巧,闯过了雾天作业禁区,为客户避免了巨额损失。

1991年,许振超当上了桥吊队队长。他在工作中发现,有60%的桥吊故障源于吊具,而吊具出现故障主要是由于起吊和落下时速度太快,吊具与集装箱碰撞造成的。他认为,这样操作不仅桥吊容易出故障,货物也不安全,必须做到"无声响操作"。

司机们一听炸了窝。"集装箱是铁的,船是铁的,拖车也是铁的,这集装箱装卸就是铁碰铁,怎么能不响呢?"桥吊队实行的是计件工资制,多吊一箱就多挣一份钱。搞"无声响操作",轻拿轻放，不明摆着要降低速度，减少收入吗？

许振超没做过多的解释，自己动手练起来。他通过控制小车的水平运行速度和吊具垂直升降之间的角度，操作中眼睛上扫集装箱边角，下瞄船上装箱位置一点，手握操纵杆变速跟进找垂线，就能准确定位，既轻又稳。然后，他专门编写了操作要领，亲自培训骨干并在全队推广，以事实说服人。就这样，“无声响操作”又成了许振超的杰作、青岛港的独创。

1997 年 11 月，青岛港老港区承运一批化工剧毒危险品。化工剧毒危险品一旦出现碰撞，就有可能引发恶性事故。为了确保安全，码头、铁路专线都派上了武警和消防员，身着防化服全线戒严。船靠岸后，在许振超的指挥下，练就一手“无声响操作”绝活的桥吊司机们个个精心操作，40 个集装箱在一个半小时之内就被悄然无声地装上了火车。

掌握了修桥吊的技术，许振超仍不满足。因为作业中桥吊一旦发生突发性故障，如果不能及时排除，将对装卸效率和船东利益造成严重影响。许振超又提出了一个新目标——“15 分钟排障”。他从解剖每个运行单元入手，不断探索，终于做到心中有数，手到“病”除。目前，桥吊队从接到故障报告，到主管工程师到场排除，已缩短到 15 分钟以内。

随着青岛港西移战略的顺利推进，一个念头在许振超脑海里越来越强烈：提高装卸效率，创造集装箱单船装卸作业的世界纪录！

2003 年 4 月 27 日，青岛港新码头灯火通明，许振超和他的工友们在一艘名为“地中海阿莱西亚”的轮船上，开始了向世界装卸纪录的冲击。晚上 8 时 20 分，320 米长的巨轮边，8 台桥吊一字排开，几乎同时，船上 8 个集装箱被桥吊轻轻抓起放上拖车，大型拖车载着集装箱在码头上穿梭奔跑。4 月 28 日凌晨 2 时 47 分，经过 6 个小时 27 分钟的艰苦奋战，全船 3400 个集装箱全部装卸完毕。许振超和他的工友们创下了每小时单机 70.

3个自然箱和单船339个自然箱的世界纪录。5个月后,他率领桥吊队又把每小时单船339个自然箱这一世界纪录提高到每小时单船381个自然箱。

青岛港集装箱"10小时完船保班"这块品牌,让这项纪录擦得更加金光闪闪,"振超效率"扬名国际航运界!更令许振超和他的桥吊队振奋的是,"振超效率"产生了巨大的品牌效应,青岛港在世界航运市场上的知名度越来越高,世界许多知名航运公司都主动寻求与青岛港合作。2003年,青岛港完成420万个标准集装箱的吞吐量,实现了24.3%的高速增长。许振超终于在自己平凡的岗位上把工作做到了极致,取得了辉煌的成就!

其实,不管我们在做什么,我们都要用做事业的心来对待我们的工作。不敢说有了事业心就一定可以成功,但这肯定是成功的必要条件。因为事业是我们喜欢做的事,是我们愿意投入热情去做的事。自然而然,这种热爱会让我们有更多时间,更多精力投入到其中。观察多、思考多自然得到的也就比别人多很多。成功当然也就容易得多。

把职业当事业来做,再平凡的工作也可以做出不平凡的业绩来,再普通的岗位也一样可以闪闪发光。

王涛是东风汽车公司总装配厂的一名汽车调整工,再普通不过的岗位,却取得了不平凡的业绩。他创造了调整16万辆汽车无质量事故这一令人惊羡的纪录,并且撰写了4本共计60万字的汽车调整技术书籍,先后获得"湖北省劳动模范"、"全国五一劳动奖章"获得者、"全国十大杰出工人"、"全国劳动模范"等荣誉称号,受到江泽民等党和国家领导人的接见。

1975年,当20岁的王涛从山东淄博农村来到湖北十堰东风汽车公司的前身——第二汽车制造厂时,他的父亲——一位新中国的第一代汽车工人对他说:"当工人,就要好好干活。"具有吃苦耐劳和执着性格的农村青年王涛,逐渐铸就了一种爱岗敬业、精益求精的思想品质。他自觉地把自己平凡的工作、自己的一言一行和企业的兴衰荣辱联系在一起,干一行、爱一行、钻一行、精一行，很快就成为汽车调整这一行的“状元”。

1992 年 11 月下旬，鄂西北一场大雪漫天飞舞，大地银装素裹，滴水成冰。距离十堰市市区 3 公里多的一个山沟里，东风汽车公司总装配厂的一座简易工棚，像是一座冰窖。离月底只有 3 天了，可是从生产线上下来的汽车还有 296 台没有调整。这种车是公司新投产的 8 吨平头柴油车，市场上十分俏销，经销商都等着提货。如果不按时调整后入库，经销商就不能按时提货，这将影响公司的经济效益和信誉。时间紧，任务重，天气冷。白天，调整班班长王涛和工友们脚不停、手不歇地抓紧时间干活；快到晚上了，王涛关心同事，以各种理由把其他工友赶回去休息，只留下副班长李金贵，继续赶任务。连续 3 天 3 夜没有回家，饿了，吃两个冷包子；困了，找个稍微避风一点的地方打个盹。296 台车的调整任务按时完成了，厂领导摆起庆功宴会，慰劳连续苦战 3 天 3 夜的工人们，可就是没有见到王涛。大家四处寻找，车间里没有，家里没有，最后，有人在一台新车的驾驶室里找到了王涛，他裹着一件棉大衣，倒在驾驶室里睡着了。大家谁也不忍心叫醒他，庆功宴会唯独缺少有功之臣王涛。

一年夏天，天气酷热。装配厂里有 260 多台车等着调整。汽车在露天下暴晒，滚烫滚烫，驾驶室里的温度高达 50 摄氏度，一个工人将一次性打火机放在车上，一会儿就被太阳晒得爆裂，碎片无影无踪。可是，王涛他们却要趴在车上、钻进驾驶室里，一丝不苟地把每台汽车的零部件调整到最佳工作状态。王涛把草帽往水里一浸，连水带帽子一起扣到头上。身上的衣服湿了又干，干了又湿，背后现出白花花的汗渍，像是盐碱地。

犹如“拼命三郎”一般，在繁重的任务面前，在企业最需要的时候，毫不犹豫地冲锋在前，吃大苦，耐大劳，拿下生产任务，这对于王涛来说已是家常便饭。仅 2001 年，王涛就义务加班 260 个小时，合 30 多个工作日，相当于 1 年比常人多上 1 个多月的班。而这一切，又都是在他患严重的小腿脉管炎、妻子患严重的糖尿病的情况下完成的。

王涛为什么如此爱岗敬业呢?

王涛说:“我的工作就是我的事业。我喜欢这个工作,看到自己制造的东风牌汽车销售到全国各地,出口到国外,就有一种自豪感。我爱东风公司,东风的利益、东风的荣誉,在我心中至高无上。”

在王涛眼里,工作就是他要用一心来用心对待的事业。所以,他把工作弄得比什么都重要。无论什么情况下,做好工作永远是他的第一理念。

有一年夏天,一家汽车改装厂用东风车底盘改装的一辆正在宝成铁路复线秦岭隧道施工的翻斗车的附梁断了,就近的服务站搞不了这种大修,只好向远在十堰市的改装厂求援,而改装厂又担心解决不了其他“疑难杂症”,希望技术精湛的王涛同行。

第二天一早,王涛就和改装厂的胡师傅一道乘车上路了。连续奔波几十个小时,进入秦岭大山区之后,不巧碰上放炮开山路段,从早上6点到晚上6点禁止通行。好不容易等到道路放行,乘坐的面包车在放炮后的乱石路上巅颠簸簸,抛锚了。他们等啊,等啊,一辆顺路的车也没有。怎么办?王涛焦急地说:“车不通,人能走,老胡,我们抬着配件进去吧!”胡师傅一愣,“抬?少说还有10公里啊!”王涛说:“赶时间,抬吧!”

30多公斤的铁家伙搭在了两人的肩上,两人高一脚,低一脚,在根本没路的乱石头上跋涉,借着月光走了10多公里山路,夜晚9点多钟终于赶到了用户驻地。吃完晚饭,也没有休息,王涛就操起工具挑灯夜战,直到修好汽车。

在技术方面,王涛对自己的要求更高,因为他觉得做事业没有过硬的技术是不行的。他爱啃书本,爱收集资料,爱请教别人,爱动脑筋,爱动手。不管是分内还是分外,不懂的,一定要弄懂;不会的,一定要学会。他学会了敲铁板的钣金活,学会了配腻子、打砂纸的油漆活,学会了如何更换驾驶室的大玻璃,学会了电焊、气焊技术。平时，汽车调整中遇到什么问题，是怎么解决的，有什么经验教训，从同事那学到什么窍门，收集到什么新的技术资料，他都一一记录在笔记本上。现在，他对东风车的几万个零部件和关键部件都了如指掌，车子发动后一听声音，就知道有没有毛病，毛病在哪里，然后手到"病"除。1992 年，东风汽车公司的平头车俏销，产量猛增，但是调整工作跟不上，时常造成因为调整滞后而压车的现象。王涛看在眼里急在心上，他想尽快把自己积累的"小偏方"传给大家，以便提高工人们的调整质量和速度，解决燃眉之急。最初，他找来一块小黑板，一边在上面写写画画，一边讲解。然而，黑板一擦，时间一长，工人们就忘记了，下次出现相同的故障，有的工人又不知所措。要是能出一本小册子，人手一份，那就好了。王涛的想法得到了东风汽车公司总装配厂教育科的支持，派他参加公司的有关技术知识讲座。王涛自己也第一个报名参加中级汽车调整工培训班，结业时，理论知识、实际操作考试都获得第一，被破格晋升为助理技师。

王涛的工作越干越好，事业也开始有了起色。王涛开始向更高的地方前进。他认为，做一个新时期的工人，不仅要会干，会说，还要会写。于是，他开始着手编写技术资料，总结自己的生产实践经验。王涛终于拿出了《东风 8 吨平头柴油车的基本结构及其调整》一书的初稿。这本书对调整工从接车、路试、调整到交钥匙入库的每个环节的具体操作方法，都详细地做了介绍；对每个故障从现象、症结判断到排除方法以及电路原理，包括每条电线的走向、电线的颜色，都交待得清清楚楚。后来，东风汽车公司在总装配厂召开现场会，将王涛的调整方法命名为"王涛操作法"，在全公司推广。

随后，王涛又写出了《东风 8 吨平头柴油车调试常见故障 30 例》、《东风 3 吨轻型卡车调整和常见故障排除》、《东风重型载货车调试技术 300 问》等 3 本书。为写作这些书，王涛收集了

关于东风车配套零部件几乎全部的技术资料，花费数千元购买有关书籍资料，他为此所付出的艰辛劳动，是常人难以想象的。

在社会生活中，每个人都要投身事业。而投身再大的事业，自己也只有一个岗位、一种角色，一个职业。职业连着事业，职业是事业的起点，也是事业的支点。人成就事业，事业也造就人。成就事业的过程，也是成就自身的过程。所以，无论你处在何种岗位，都应当把工作当事业干，以为自己工作、为自己打拼的心态，在成就事业中成就自身。

何谓"职业"、"事业"？《现代汉语词典》里的解释是："职业，个人在社会中所从事的作为主要生活来源的工作"；"事业，人所从事的、具有一定目标、规模和系统而对社会发展有影响的经常活动。"对于事业，《易经·系辞》中讲："举而措天下之民，是谓事业。"

显然，职业与事业的根本区别在于职业是为了生活而从事的一种工作，事业则是对社会发展有影响的抛开衣食之利的经常活动，即"一个人一辈子做一件事情对社会大众有贡献，对国家民族，对整个社会，都是一种贡献，这才算是事业。"事业要比职业更有丰富的内涵！当然，不能因为有所差异而割裂了两者的关系。职业是事业的基础，事业是职业的升华。任何一项职业只要把它看作是事业，那么职业就是一项"前无古人，后无来者"的事业。

著名学者南怀瑾曾说："事业也不是职业，现在大家动不动称事业，其实是职业，事业要对全社会真正有贡献的，不是口说为社会，实际是饭碗考虑的职业。"事实上，古今中外，大凡有成就的，无不是事业第一，职业第二；或者说凭借职业的衣食之利为社会做出更大的贡献——即做出一番事业。

马克思倘若不是为无产阶级革命事业，他就不会四十年如一日地写出揭示资本主义剩余价值规律的煌煌巨著——《资本论》；爱迪生若不是为世界千千万万的家庭点亮一盏盏明灯，他也就无法做出熠熠生辉的事业——发明电灯。因此，凡人之所以为凡人，平庸之人之所以平庸，究其因，在于没有正确处理好"职业"与"事业"的关系。有的人，为"功名利禄"而追求职业；有的人，因为"卒不忍独善其身"而追求事业。任何人，只要心里装着事业，装着为自己的远大理想，那么他就一定会成就一番光辉的事业！

魏书生——当今教育改革浪潮的弄潮儿，正是因为他有这样的理想："我总感觉自己为革命事业做的工作太少了，以至中夜自省，常常觉得无力报答同志们的一片真心而阵阵内疚与不安，这种有负于党和人民的感情，常使我夜不能寐、心焦如焚。但决不因此而自弃。……叮咛自己艰苦自持、勤奋刻苦、自强不息、治学严谨地钻研一点知识，将来对人民是有用的，'遥望人类前程广，埋头奋斗自今朝'。"所以，魏老师在当时令人羡慕的政工干事岗位上，而且还被确立为厂级领导的接班人的时候，为了对社会有益，为了在教育事业领域里开创出一片光明的天地来，竟然锲而不舍地申请当孩子王 150 次之多；同时，为了唤起人们在文化大革命被泯灭的良知，1973 年，年仅 23 岁的魏书生写出了 15 万字的文稿——《谈改造世界观》。从此，当了孩子王的魏书生便走上了驾轻就熟的教育改革之路，中国从此升起了一颗耀眼的教育改革明星。

总结魏书生的成功之路，是因为他看透了职业与事业的关系，知道职业是事业的起点和支点，因而他能立足于职业，开创自己的事业，而不会在意职业的贵贱、工作的好坏、岗位的高低。

刘博涛是北京亨得利钟表公司的一名普通店员，他从小就喜欢摆弄手表，填报工作志愿时直接就写的是亨得利公司。到这家著名的钟表公司上班，是他梦寐以求的理想。参加工作的第一天刘博涛就告诉自己："我一定要做最好最出色的营业员。"

"现在看来，当时不仅仅是找了一份工作，自己的理想终于实现了，这个工作影响了我的一生。"将理想寄托于工作，折射出刘博涛的事业心。

众所周知，除了要精通产品使用知识，销售行业最头疼的就是和一些难缠的客户打交道，但这些对刘博涛而言都不是问题。他把顾客当朋友亲人一样对待，用真心和热情跟他们相处，很多顾客都把他当成了好朋友、好“哥们儿”。同时,他从心底深处喜欢这个职业,即便是在自己生活最困难、在物质诱惑面前,他仍然信守原则。

有一次,一位出手阔绰的顾客买了两块名表,但没过多久就找刘博涛说表出了问题。刘博涛发现是因为顾客不小心把表和带磁的物品放到了一起,从而影响了手表的正常使用。修完表后,刘博涛又非常细致地给顾客讲解了钟表使用与维护方面的知识。他的耐心和热情令顾客非常感动,临走时拿出一万元现金推到刘博涛面前,感激地说:“哥们儿,收下吧,这是老哥哥我感谢你的。”

“见到钱我也动心,但我必须坚守自己做人的原则。为顾客解决问题是我的本职工作,这是我的责任。”刘博涛坚决拒绝了。

还有一次,两位脾气非常暴躁的顾客因为表链的问题在店里大发雷霆并扬言要摔表。刘博涛耐心地解释,并积极依据客户政策向总店申请了3000多元钱的新表链,圆满地处理了问题。

正是凭着过硬的业务水平、良好的服务态度和出色的业绩,刘博涛成为大客户经理,连续几年被公司评为“经济技术创新标兵”,并进而荣获全国五一劳动奖章。

从一名新上岗的普通店员成为业绩卓著的大客户经理,刘博涛成就了自己的梦想。刘博涛成功的秘诀其实很简单,当别人把钟表销售服务看成店员差事的时候,他把它当成了一辈子的事业倾注了全部热情。

做最好最出色的营业员,就是这么一个简单而务实的信念,也正是本着这样一种朴实的事业心,刘博涛获得了顾客的信赖、令人刮目相看的业绩和公司的重用。

在日常工作中,或许我们没有思考过职业与事业的区别,两者貌似雷同,但是如果你在细品之后也许发现,职业与事业所包含内在物质之间的差别化是天壤的。但是,职业与事业两者之间又是密切联系不可分割的,因为职业是作为事业的基础，职业能为事业创造提供的一个操作平台。如果简单地定义，职业就是为了生存、生活、生计而选择的一种谋生行当，目的是通过劳动付出所换来等值的货币酬劳；而事业是把从事的职业拟定出一个愿景，定位成人生的一种理想，并为之追求的奋斗目标，可以不计货币酬劳，是体现人生价值、社会利益的执着理念。

能够把职业当成事业，是由一种被动行动向主动行为的转变，支撑起这一转变的动力需要具备一个决定性的因素，那就是“执著”！执著是一种精神，是一种对人生和事业的态度。坚持执著，就是坚持生命不息、奋斗不止的本色。执著的人，应当是在逆境中不怕风雨，敢于与命运抗争的奋斗者；执著的人，应该是不甘于在平庸中虚度岁月，积极探索人间奇迹的拓荒者；执著的人，应当是敢于摆脱落后和愚昧，创造成果的奉献者。

邓亚萍小时候因为个子很矮，被省乒乓球队以“个子太矮，没有发展前途”为由退回，这让邓亚萍深受打击，但她没有认输，而是谨记爸爸的话：“先天不足后天补，只要有特长和扎实的基本功，何愁不会脱颖而出！”她开始了刻苦训练。当时，郑州市乒乓球队的条件十分艰苦，连一个固定的训练场地都没有。邓亚萍和她的队友们一开始在一间暂时不用的澡堂里练球，后来又转移到一个小学的礼堂，最后才搬到市体育场靶场二楼的训练房。夏天，训练房里似火炉，可队员们在里面一待就是一整天，挥汗如雨，衣服都湿透了。冬天，室内像冰窖，队员们的双手常常肿得像面包，甚至开裂。

无论训练多么严格、条件多么艰苦，全队年纪最小、个头最矮的邓亚萍都咬牙坚持下来，甚至比别人做得更出色。训练房离邓亚萍的家不远，但她从不擅自回家，她那不服输的拼劲，让很多比她大的队员都自叹不如。正是在这里，邓亚萍练出了“快、怪、狠”的战术，那就是正手球快、反手球怪、攻球狠，这成了她以后打球最突出的风格。

工夫不负有心人。1986 年，在全国“乒协杯”比赛上，邓亚萍战胜了当时的世界冠军戴丽丽，从而一战成名！河南省乒乓球队最终向邓亚萍敞开了大门。回想起三年来的辛苦训练，邓亚萍自信地说："我一定要更加努力，取得更好的成绩！"从此，她更加刻苦了，拼命地练球，休息的时间被一缩再缩。

邓亚萍的努力得到了回报，1988 年，15 岁的邓亚萍夺得了第六届亚洲杯乒乓球比赛的女子单打冠军。进入国家队后，邓亚萍依然保持着勤奋、刻苦的精神。训练时，教练最常给邓亚萍的指示不是"要多练"，而是"要注意休息，别练过了"。邓亚萍的训练量常超过正常运动员。平时，队里规定上午练到 11 时，她给自己延长到 11 时 45 分；下午训练到 6 时，她练到 6 时 45 分或 7 时 45 分；封闭训练时晚上规定练到 9 时，她练到 11 时。一筐 200 多个训练用球，邓亚萍一天要打掉 10 多筐，练一组球的脚步移动，相当于跑一次 400 米，邓亚萍的一堂训练课，相当于跑一次 1 万米，这还没算上数千次的挥拍动作。有人统计过，邓亚萍平均每天加练 40 分钟，一年就比别人多练 40 天。

练全台单面攻，她腿绑沙袋，面对两位男陪练左奔右突，一打就是两个小时。多球训练时，教练将球连珠炮般打来，她瞪大眼睛，一丝不苟地接球，一口气打 1000 多个。教练曾经统计过，她一天要打 1 万多个球。邓亚萍每天练球，都要带两套衣服、鞋袜，湿了一套再换一套。她经常因为训练错过吃饭的时间，所以只能用方便面对付一下。

一次次的南征北战，邓亚萍捧回了一枚枚金牌，并一次次地把目光投向更远的目标。在 1992 年巴塞罗那奥运会和 1996 年的亚特兰大奥运会上，邓亚萍蝉联了乒乓球女子单打、双打的冠军。

邓亚萍说："一个人追求的目标越高，他的才能就发展得越快。但我也深深懂得，要在比赛时打败对手，必须从一板一球做起。只有脚踏实地，抓牢今天，才能把握明天。"

1997 年，邓亚萍从她深爱的国家乒乓球队退役了。这时，她已经将自己的名字刻遍了世界大赛的金杯，为祖国争得了荣誉。虽然她的身高只有1.5米，但她是乒坛的巨人。

坚韧执著是一种力量，这一力量是任何东西都不能替代的，它会给生命以挑战，给生命以奇迹，能够把每一个人从事的职业升华为终生追求的事业，从而对自己的工作倾尽所有的心血。

比尔·盖茨曾经说过，“如果只把工作当做一件差事，或者只将目光停留在工作本身，那么，即使是从事你最喜欢的工作，你依然无法长久地保持对工作的热情。但如果把工作当做一项事业来看待，情况就会完全不同。”

把职业当事业来做，普通的工作，平凡的岗位也一样可以做出不一般的成就。所以，不要认为自己的工作普通、岗位平凡，就得过且过，不思进取，而应看到每一份工作都有成功的机会，每一个岗位都不平凡，只要你努力、用心地去做了，一样可以成就辉煌、大有作为！

4. 把企业当家业，在企业的成功中收获自己的成功

我们知道，在很多人的身上，时刻不离地带着的是两把钥匙，一把是开启家门的钥匙，一把是开启办公室或生产车间的钥匙。我们每天用这两把钥匙，开启着两道家门。不论走进哪一道家门，里面的一切都是那么熟悉和亲切，特别是工作在外忙碌几天后，脚一迈进单位的大门，坦然、踏实的感觉便油然而生，就像漂泊的渔人驾船驶入了港湾，是那么的亲切和温馨。这应该就是“家”的感觉。

“把公司当成自己的家园”，长期以来是很多职场中人的一种价值取向，它代表奉献、相依和忠诚。当你选择一家企业，无论目的是获取金钱还是开拓事业，都决定了你将要为公司付出努力，即使是最普通最基层的一名员工，也要把公司当成家，当公司遭遇危机时，要像爱自己的家一样来守护公司利益。

全国劳动模范章星火就是一个爱企如家的人。章星火是江西省电信公司成立后的第一位全国劳动模范。参加工作后的数

十年中，他刻苦钻研业务技术知识，视企业为自己的家，一直默默地不辞辛苦地奉献着，感人的事迹得到企业内外的一片赞扬声。

章星火朴实憨厚的脸上永远挂着劳动者健康的笑容，但头上的白发明显比以前多了。55岁的年龄，岁月不饶人，血压也高。可他工作的激情和责任心一点没减，对企业的那颗拳拳爱心一点没变。2000年鹰潭分公司率先在全省实现动力环境监控，人员由最多时的11人精简到了目前的3人。他们既要保证分公司的动力设备正常运转，还要负责对贵溪、余江两县局的技术支持，任务着实不轻。见老章年纪大了，动力班人员又少，单位想把本不属于动力班维护的空调外包出去。他听说外包一台空调一年要几百元钱，坚决不同意。他想，局里近百台空调，那要增加多少开支呀！目前企业效益还不错，但企业的钱能省一个是一个。他说，我还不老，一般的小毛病我都能解决。事实上，章劳模不仅能手到病除地解决小毛病，并且许多的大毛病也总能顺利排除。鹰潭二、三、四、五期程控电话扩容，所有与电力电源有关的工程都是他参与设计的，局里进口柴油机、空调的许多大故障都是他亲手排除的。

有年夏天，鹰潭分公司的中央空调坏了，启动不了。如请经销方来修，要价很高，一次就要上万元，并且还按小时和美元结算。章劳模急得不行，一次次不厌其烦地分析故障的原因，结果只花了2000多元就解决了问题。

鹰潭分公司无人不知章星火的"抠"。平日，一块废弃的电路板，一个小如甲虫的元件，他都视如珍宝地藏在动力班的仓库里。前年，市局淘汰了四台老柴油机，按说已报废，可章劳模经过一个多月的拆卸维修又使他们重新活了起来。运维部主任万飞告诉记者，章星火很"精"，运送油机的吊车、卡车以天计算，他为了省下半天，天蒙蒙亮就要卡车司机出发，一天跑了四趟，一直跑到天黑，跑得司机直喊划不来。其实一直跟车的章劳模更累，毕竟 50 多岁的人，可他心里甜滋滋的：又为企业省了一笔钱！

还有一次，新的机架到货了，民工要 50 元钱才肯搬，章星火嫌贵，坚持 40 元，民工不同意，章星火决不松口。最后，章星火和同事干脆自己动手搬，硬是连一分钱都没舍得花！

章星火就是这样，时时处处为企业着想，把企业的利益看做是最高利益。他为企业的事情小气，又抠门，兢兢业业从无怨言。他深知电力设备正常运转的重要性，生怕出错，生怕给企业造成不必要的损失，半夜的一个雷声也会使他猛然惊醒。平日里，休息天他也常在局里转悠。鹰潭市搞亮化工程，两盏探照灯似的大家伙安在分公司顶楼的微波塔上，章星火觉得很不安全，会引雷，及时发现并采取了防患措施。

不少人以为章星火只是肯干能吃苦，实际上他有很高的专业水平，他在电源学方面的理论尤其是实践知识非同一般。去年底，一家企业的老总以为章星火要退休了，亲自以高薪聘他做技术顾问。章星火憨厚地笑笑，婉言拒绝了。章星火心中只有对中国电信那份深深的、割舍不去的浓浓情结，只要企业需要，他会毫无怨言地将毕生精力奉献给无怨无悔、工作几十年的电信企业。

很多企业的宣传栏上，经常挂着这样的标语——“把企业当家业。”可是，企业里的情况却是这样一幅景象，“家”里的东西，能拿就拿，能占便宜就占便宜。很多国有企业是怎么垮掉的，就是一部分人把企业的利益往自己的口袋里装，一个企业出现大量这样的干部、这样的员工，离破产也就不远了。

我们讲“把企业当家业”，自然绝非让你把企业的东西往家里搬，而是要像对待自己的事情一样对待企业的工作，像关心自己的利益一样关心企业的利益。把我们的个人价值追求、理想实现与企业生存发展的价值追求统一起来，形成“共振”，把职业当成自己的事业去经营，把为之服务的企业当作家业来珍惜，形成为企业全情投入也就是为自己的事业、家业奋斗的思想，从而极大地调动自己的主动性和积极性。

如果能深刻体会到自己是企业中一分子，能够把企业的事业看成自己的事业，像对待自己的生意一样对待企业的生意，我们又会以什么样的态度去工作？如果每一个员工都能认识到“我是企业的员工兼主人，企业的事业也是我个人的事业，所以我也是企业经营者之一”，必能结合成一股强大的力量，企业的发展，一定会迈上一个新的台阶。因此，我们要把工作当成终身的事业，不可以为了薪水而工作，应该将工作与生命结合为一体，秉着身为企业经营者的心态，服务企业，这才是正确的态度。

1994 年 6 月，一场百年不遇的洪水席卷珠江三角洲，广东成了重灾区，一时间举国震惊。举目望去，四处是汪洋。位于广东顺德的格兰仕集团的厂区里，黑压压的人群奋战在洪水中，试图保卫他们的家园。

当时，天气热得要命，水却冰凉，排成人墙的男员工靠喝酒抗寒抗湿气。他们就那样默默地用身体紧护着泥沙包，以防被洪水冲垮……

每当堤外洪水太大，水从沙包的缝隙中渗进来时，年轻力壮的男员工就纷纷跳到浑浊的大水里，筑起人墙，一个挨着一个。那些天，水势一会儿大一会儿小，不断冲击着堤围，格兰仕人顶着烈日和阵雨，男员工们奋力打着木桩，一趟又一趟地把沙袋运到堤围边，不断垒上大堤加固。整个抗洪工地没有高昂的吆喝声，看得见的只是川流不息的人群和越筑越高的堤围。

正在格兰仕人积极奋战抗洪抢险时，令人心寒的事情发生了。现任公司副总裁的赵静对那终生都忘不了的一幕记得十分真切：18 日晚 11 时多，汹涌的洪水并不是从大家千辛万苦垒起的防洪堤围之上漫进来，也没有冲垮堤围，而是从一个不起眼的老鼠洞里喷出来！

《格兰仕商道》一书记载了当时情景：

老鼠洞位于厂区地带，刚开始，从老鼠洞里喷出的水只是一股飞溅的细流，后来，水柱越来越大，终于找到出口的洪魔朝外狂涌，仿佛要把整条细滘河的浊水都从这个出口喷射出来。只一会儿工夫，整个厂区到处都是滔滔浊水，变成了水的世界。

面对喷射的水柱，格兰仕人无法相信这一次就顶不过去，格兰仕创业16年经历过许多危难，每一次都靠着他们的拼搏精神顶过来了。现场的人似乎失去了理智，明明是堵不住了，他们还在不要命地往上冲，像是要用自己的生命把这个该死的老鼠洞塞住。

突然间全厂灯灭，昏暗中响起一个平静的声音："撤！先把人保住！"

随着董事长兼总经理的梁庆德一声令下，不到10分钟时间，格兰仕全体人员都撤到了高处。

这时整个厂区成了一片汪洋，水深达2.8米！上千万高精密电机、仪器连续被水浸泡几乎变成了废铜烂铁，数千万元的羽绒制品和各种原料被洪水无情吞噬，看到辛辛苦苦十几年创下的家业就这样被淹在水里，所有的人都很心痛。

那时，转制才不过两个月，转产仍在艰难进行，这种时候遭遇洪水，实在是灭顶之灾。许多人断言：格兰仕不可能再翻身了，机器都完蛋了，一家乡镇上的小企业，怎么可能顶住这样的灾难？

但让人大跌眼镜的是，格兰仕在这样的时刻居然没有一个人离去！当时德叔调来了几辆车，准备送想走的员工去广州火车站。可是车停在院子里老半天，也没有一个员工上车。倒是家住本地的员工们一个接一个赶过来，大家就那么自动地分部门静静地站在空地上……

半个月后，洪水才退去。洪水给格兰仕厂区留下了近50厘米深的污泥和积水，员工们赤手把机器从污泥和积水中一点一点往外抠……

被水浸过的设备，很多表层都被氧化，长起了一层厚厚的锈斑。虽然都挖了出来，可是所有的设备无异于一堆废铁。大家立即清洗设备，为把损失减少到最低程度，员工们没日没夜地干着，实在困了，就地一躺，休息几分钟爬起来又接着干。

就这样，在全体格兰仕人的努力下，洪水退后72小时，格兰仕微波炉第一车间就恢复了生产。三个月后全面恢复生产，一场大水冲出了格兰仕人的凝聚力和拼劲。

一场洪水让格兰仕丧失了几个月的生产时间。为抢回失去的时间，大家一致要求实行两班倒，每天工作12小时，机器24小时运转。8月，还带着洪水污迹的销售员们，铆足了劲儿扑向市场。奇迹出现了，这一年，格兰仕微波炉产销量超过10万台，产值利润双超历史记录，并跻身行业三甲。

这次洪水并没有冲垮格兰仕人：相反，格兰仕人因为水灾而创造了一个众志成城、人定胜天的奇迹，更为重要的是，它创造的凝聚力成为格兰仕精神的基核。现在，每一个格兰仕人提起自己的企业，都有一种由衷的自豪感，因为他们从企业的成功中也收获了自己的成功。

格兰仕人为什么在水灾面前能创造奇迹，是因为他们像维护自己的家一样用心去维护他们共同的家园——格兰仕。

如果我们都能像格兰仕的员工那样，把公司当成家一样来挚爱，那我们的"大家"就没有迈不过去的坎。

一位管理学家说过："作为企业工作中的一员，首先要有'公司是我家，发展靠大家'的思想，你只有让自己的企业不断壮大了，你的个人价值才能得以充分的体现。"一提到"家"这个字，第一感觉就是温馨和舒适，它让我们可以毫无保留地为之付出。

每一个想有所作为的员工，都要有把企业当家的观念，甘心为企业付出，为企业奉献，同时也与企业共同发展。企业是我们展示自己人生价值的舞台，是实现我们人生梦想的基础，企业发展了，员工也发展了，企业兴旺了，员工的成就感也随之而来。所以，把企业当家业，成就的不仅是企业，更是自己。

联想作为中国最有影响力、最成功的企业之一，它所获得的荣誉数不胜数，在美国《财富》杂志2008年7月9日公布的2008年全球500强排行榜上，沃尔玛以3787.99亿美元的年销售额蝉联榜首。中国内地、香港和台湾上榜企业有35家，除了中石化以1592.6亿美元的年销售额连续两年杀入前20名以外，这次最大的亮点无疑是联想以167.8亿美元的年销售额首次杀入《财富》世界500强。

联想取得如此的成功，获得这样的荣誉来之不易，每个联想人都会为联想获得这样的荣誉感到自豪，每个中国人也会为联想感到自豪。

为什么这么多人羡慕联想？只是因为收入高吗？显然不是！这是和联想人有一种身为联想人的自豪感密不可分的。

2005年10月12日上午，联想北京总部的一间会议室里，联想集团高级副总裁兼首席运营官弗兰·奥沙立文接受了记者的专访。

奥沙立文在回答记者提问时说："对我而言，如果有人在一年多前建议我去中国公司工作，还是一件不可思议的事情，但实际上比想象中要有意思得多。联想是中国的骄傲，能在这样一家企业工作，我同样感到自豪。"

2007年5月23日，联想集团宣布高级副总裁及首席财务官马雪征女士从即日起退休，并出任集团非执行副主席的新职务。

就此，在联想干了17年，现年54岁的马雪征感受颇多。

她表示："我非常荣幸能为联想的成功尽一份力，现要做出告别集团日常管理工作的决定，对我而言实非易事。联想拥有着能引领集团在未来续创高峰的出色领导团队和清晰的战略远景。我对集团的热情和承担，并不会随着退休而减退。我对联想的成就感到万分自豪，并期待集团在未来续创佳绩。"

联想集团一个退休的老员工说："我始终为自己是一名联想员工感到骄傲。为什么我这么热爱这家企业？因为联想从小到大，变成了今天这么大的一个著名企业。在这个发展过程中，我们每一个员工都付出了全力；同时，企业也为我们的发展付出了心血。虽然退休了，每当我看到联想的标志，我仍然为自己曾经是联想的员工而自豪。”

把企业当家业，就把企业的事当成了自己的事，员工为了促成自己业务的发展，就会不断地下工夫。如果业绩能因此提高的话，你会觉得自己在成长。在企业里的地位提高了，受人瞩目，因此天天能以愉悦的心情，有干劲地工作，有作为地工作，有理想有目标有成就地工作。

徐虎 1975 年进入上海市中山北路房管所，当上了一名水电养护工。在从事养护工作的岁月里，他背着他的修理箱起早贪黑地走街串户。很多人家都是下班回家后叫他去修理，只要大家有需要，总能在第一时间找到徐虎，他的勤恳付出赢得了人们的赞扬，被大家誉为“晚上 19 点钟的太阳”。

完成好每一件工作．不为自己的工作丢人，尽量让每一个客户满意，是他心中最简单质朴的想法。而正是这种服务意识，使他成为学习的典型。全国很多媒体都对他进行了集中报道，《人民日报》、《光明日报》等都将他作为“敬岗爱业、奉献社会”的劳模典型在全国进行宣传，徐虎由此闻名全国。大家记住了“徐虎信箱”，记住了“辛苦我一人，方便千万家”的承诺。

徐虎并没有满足这些荣誉，多年在物业第一线服务的他知道，仅仅凭个人的力量从局部来为人民服务，应对庞大的社会需求那无疑是杯水车薪的事情。只有从根本上进行改变，找到症结的所在，才能够让更多的人不用花那么大的精力和劳动也能享受到同样的优质生活。

徐虎在思索中不断升华，不断进行深层次的探索。他把自己在物业管理中的体会，不断总结归纳，上升到理论高度。他在《城市开发》、《解放日报》、《上海房产》、《中国房产信息》等报刊陆续发表了《浅谈物业管理将走入大盘时代和相应准备》、《浅议促进物管发展的对策》、《提升现代物管品牌新内涵》等多篇重量级文章。这些物业管理论文给我国新兴的物业管理专业提供了非常宝贵的资料和经验。

现在的徐虎已经成为上海西部企业集团物业总监，三次被评为全国劳动模范。尽职尽责的服务意识和扎实的工作为徐虎奠定了成功的基石，他以此从平凡的工人成为行业内的专家，积累了经验和信誉，开创了自己的事业。

松下幸之助一有机会就对他的员工们说："你们要打消'我们是为了领薪水而工作的员工'这种观念，而用'我们是经营这个行业的主人来代替。譬如说，一个人负责财务工作，就要有：我是企业里财务会计的经营者'的想法来从事工作。"

企业的成功是所有员工共同努力的结果，而成功企业又理所当然地把它所拥有的荣耀分享给了每一个员工。同时，你在努力为企业工作的同时，自己也在不断地进步，不断地提升，所以，把企业当家业，在享受企业成功的同时，你也收获了自己的成功。

5. 爱岗敬业，让自己的岗位闪闪发光

古人说得好，三百六十行，行行出状元。每一份工作，都蕴藏着成功的机会，热爱工作就是拥抱成功的机会。不论这份工作在他人看来是多么不起眼，甚至不体面。

什么是敬业？就是用一种严肃的态度对待自己的工作，勤勤恳恳，兢兢业业，忠于职守，尽职尽责。

爱岗敬业是一个优秀员工的职业操守，也是一个有所作为的员工坚守的基本底线。

敬业的人能从工作中学到比别人更多的经验，而这些经验便是我们向上发展的垫脚石，就算我们以后换了地方，从事不同的行业，我们的敬业精神也必会给我们带来帮助。把敬业变成习惯的人，从事任何行业都容易成功，在任何岗位上都能闪闪发光。

刘俊华曾经是一名下岗女工，现为北京市新奥客运分公司718路的售票员。从1999年她来到了巴士公司至今荣获各种奖励和荣誉称号12次，即：2000年至2003年连续四年被巴士公司评为十佳售票员，2003年至2004年巴士公司“巾帼建功”竞赛中获“三八红旗手”称号和先进个人，2000年至2003年在公交总公司“双文明竞赛”中连续四年被评为服务标兵，2002年和2003年被评为总公司级优秀共产党员，2004年被评为北京市国资委和北京市优秀共产党员，2003年被公交总被评为抗击“非典”先进个人，2001年和2002年在北京市文明乘车从我做起活动中被评为优秀司售员，2001年至2003年被北京市评为经济技术创新标兵，2003年获得首都劳动奖章，2004年1月被人事部建设部授予“全国建设系统劳动模范”荣誉称号，2004年4月被中华全国总工会授予“全国五一劳动奖章”，2004年12月当选为第六届“北京十大杰出青年”。

1994年，刘俊华所在的工厂由于经营不善而倒闭，端了十几年的“铁饭碗”没了，她失去了赖以生存的工作。1999年8月，她听说巴士公司正在招售票员，她便到巴士公司报了名，结果还真的被录取了，被分到718路做了一名售票员。她当时高兴极了，她又重新找回了自我，找回了理想和希望，找到了一个新的“家”，从那时起她也下定了决心，要珍惜岗位，把企业当作“家”，立志干一番事业。

刘俊华为了使自己的服务技能尽快提高，她向全国劳模李素丽学习，并与自己的工作实践结合起来，通过不断地学习、体会、摸索，总结出了一套自己的服务方法，即：“五多”、“六个一样”和“七个及时”。“五多”——多观察、多宣传、多沟通、多理解、多照顾；“六个一样”——有无检查一个样、人多人少一个样、身份贵贱一个样、本市外埠一个样、买票与持证一个样、心情好坏一个样；“七个及时”——乘客提问及时解答、发现问题及时处理、老幼病残及时照顾、人多拥挤及时疏导、提包携物及时帮助、乘客配合及时致谢、礼貌用语及时到位。她可以从容地面对车厢里发生的一切问题，并不断从帮助别人中获得幸福和快乐。她把乘客看作自己的亲人，视为衣食父母，用“心”去为他们服务，用“情”与乘客相互沟通。

有一天，车到终点站，几个外国朋友到站时并没有下车的意识，刘俊华就用英语进行了宣传和报站，告诉他们车已到终点站了，这几位外国朋友听后一起说：“Good!”“Good!”。车上的其他乘客也都为她用英语报站鼓起掌来。工夫不负有心人，经过四年的学习，现在的刘俊华不仅能够“双语”报站，而且还能用英语向乘客介绍沿途经过的名胜古迹。

几年来，刘俊华所在车组共收到表扬信、表扬电话850余件。

对于工作岗位，我们要有足够的热情和干劲。如果缺少这种热情和干劲，就应该试着去深入了解工作中的每个问题。我们对于许多事情、许多问题不热心，并不一定表示我们对它们漠不关心，而是我们对它们不够了解。想要对某件事情热心，先要了解更多你目前尚不热心的事，了解得越多，越容易培养兴趣，而一旦有了兴趣，你就会对这件事情热心起来了。你只有进一步了解事物的真相，才会挖掘出自己的兴趣，也才能在工作中做出成绩。

有人问窦铁成当一线工人乐趣多还是困惑和迷茫多？如何才能在平凡的工作中找到乐趣，实现人生的价值？窦铁成说，当一线工人更多的乐趣就是在工作中不停地学习提高，不停地将新的知识运用到实践中进行创造劳动，不停地完成建设成果，感受到提高的快乐、创造的快乐、成功的快乐。当成功的创造得到社会认可时.就是实现了人生的价值。三百六十行，行行出状元，干到一定境界，安身立命、事业感、成就感自然就有了。

比尔·盖茨也曾经说过这样一句话：“每天早晨醒来，一想到所从事的工作和所开发的技术将会给人类生活带来巨大的影响和变化，我就会无比兴奋和激动。”在他看来，对工作的激情是一个优秀的人应具备的重要特质。

袁杏云，广西高速公路管理局南宁管理处坛洛收费站收费员，别看每天坐着，收费员的工作其实是烦琐而辛苦的，但袁杏云却创造了连续收费3000万元无差错的最高纪录！除此之外，她还有更“惊艳”的记录：一天下来，要说1000多句问候语，展露1000多次“八颗牙”的标准笑容！

袁杏云待人热情，她说“善待司乘人员就等于善待自己”。在她温柔与热情的感化下，无论是多么火爆的司机，无论是多么棘手和麻烦的事件到最后都能妥善地解决。

很多人都知道有关她的这样一个故事。

那是一个炎热的午后，一辆货车驶入车道，一脸蛮横的司机无理取闹，嚷嚷着说收费站多收了他的通行费。

袁杏云仍然微笑着等他发完牢骚，解释清楚了问题，请他按标准缴纳通行费。司机故意找碴，从车上掏出三叠毛票。袁杏云微笑地请他稍等，同时安排后面的车走其他车道，始终面带微笑地耐心清点完570元全是毛票的通行费。

两分钟后，袁杏云依旧微笑着把收据递给了司机：“不好意思，耽搁了您的宝贵时间，请谅解，祝您一路顺风！”看着这张微笑的面孔，粗暴的司机愧疚地笑了。

“司机开了这么久的车，也累了，他们急躁的心情是可以理解的。”袁杏云经常是换位思考，去理解别人。

正是凭借“你冷我热，你发火我耐心，你粗暴我礼貌，你误解我理解”的服务态度，袁杏云巧妙化解了矛盾，获得了“收费无差错上千万之星”的美誉，也成为高速路上有名的“微笑天使。”

“烦恼也是过一天.微笑也是过一天.为什么不选择笑着工作呢?”就是这种积极的心态，使她从工作中挖掘乐趣，珍惜工作时每一个值得珍惜的闪光点滴。不管是司机朋友的一句调侃，同事的一句关怀，哪怕是一个好天气，她都会从中找到值得自己开心的理由。

这就是袁杏云——广西十大金牌工人、全国五一劳动奖章获得者对待工作的心态和方式。

只有保持了良好的心态，才能将这份快乐传达给他人，工作的快乐才会像滚雪球一样越滚越大，而这样充满了乐趣去工作，又有谁能拒绝呢？

任何工作，再平凡，只要你勤奋努力、认真负责地去做了，就一定会有所成就，绝不会碌碌无为，你的岗位会因你而闪光，你的工作也会因你的努力而高贵。即使平凡得像小草一样的岗位，也可以像小草一样，把绿色铺满草原吗？平凡的工作岗位有辛酸、有疲惫、更有激情如花，热情似火，一样可以绽放青春的风采，闪耀奉献的光彩。只要我们勤奋、敬业，对岗位无限热爱，对企业无限忠诚，工作踏踏实实、兢兢业业，不断努力，不断进取，一样可以让岗位闪光！

6.全力以赴，做最优秀的自己

优秀是我们终生追求的境界。如何能够做到最优秀的自己？就是要求我们时刻敬业爱岗，努力付出，从平凡的点滴做起，无论你是在哪条战线上，是在哪个岗位上，我们只有先做到了对自己负责，对社会负责，对工作全力以赴，自己的工作和生命才有正确的解读和诠释，竭尽全力，释放光与热的灿烂，渲染灵与肉的赤诚，体验人生与智慧的辉煌，优秀就会被我们握在手中。

袁隆平，平头小脸，其貌不扬，土里土气。你想不到他是中国“杂交水稻之父”。而正是这个显得有些平凡和土气的老头，以自己不懈的努力和才华，在古老的土地上创造了非凡的奇迹——目前在我国，有一半的稻田里播种着他培育的杂交水稻，每年收获的稻谷60%源自他培育的杂交水稻种子。

是怎样的力量把一个人的命运紧紧联系并且积极影响着10多亿人的命运呢？又是一种怎样的力量促使着袁隆平年轻时违背母亲的意愿作出自己的人生选择？又是一种什么样的力量促使他执着于杂交水稻的研究而最终走向成功的呢？很简单：要做最好的自己。

从一棵天然杂交稻开始，袁隆平开创了水稻育种的新历史。

作为“杂交水稻之父”，他是中国的英雄，也是有着世界性贡献的杰出科学家，他获得的一系列国际奖励可资证明。若回答“下个世纪谁来养活中国人”？没有哪位科学家比袁隆平更有资格回答了。

关于超级杂交水稻，不善言辞的袁隆平有着讲不完的故事。当别人问他成功的秘诀时，他以“知识＋汗水＋灵感＋机遇”作了精辟的回答，并且还讲了一个故事。

“从1953年到1966年，我在农校一边教课，一边做育种研究，每年都去农田选种。从野外选出表现优异的植株，找回种子播种，看它第二年的表现，这样来筛选具有稳定遗传优异性状的品种，这称为系统选育法，是常用的一种方法。1962年，我在一块田里发现一株稻鹤立鸡群，穗特别大，而且结实饱满、整齐一致，我是有心人，没有放过它。第二年我把它种下去，辛苦培育，满怀希望有好的收获，不料大失所望，再长出来的稻子高的高，矮的矮，穗子大小不一。这时候一般人感到失败就放弃了，我坐在田埂上想为什么失败了呢，我想到第一年选出的是一棵天然杂交种，不是纯种，因此第二年遗传性状出现分离，而如果按照那棵原始株杂交种的产量来计算，亩产能达到1200斤，这在60年代是非常了不起的——我突发灵感，既然水稻有杂交优势，我为什么非要选育纯种呢？从此我致力于杂交水稻育种。”

为了杂交水稻，袁隆平几乎奉献了自己的一切，知识、汗水、灵感、心血，没有什么不是为了那梦寐以求的杂交水稻。在研究的初期阶段，为了获得一株必需的水稻天然雄性不育株，他和新婚妻子一起，在1964年到1965年连续两年的酷暑季节，顶着烈日大海捞针般地寻觅在安江农校实习农场和附近生产队的稻田里，在前后共检查了4个常规水稻品种的14000多个稻穗后，终于找到了6株雄性不育的植株。

身体的劳累还在其次，学术界权威的质疑与反对，使袁隆平承受着巨大的舆论压力。当时学术界流行的经典遗传学观点认为，水稻是自花授粉作物，经过长期的自然选择和人工选择，许多不良的因子已经被淘汰，积累下来的多是优良的因子，所以自交不会退化，杂交也不会产生优势，从而断言搞杂交水稻没有前途，甚至说研究杂交水稻是“对遗传学的无知”。然而无论是科学道路上的挫折、失败，还是人为的干扰、破坏，所有的磨难都无法动摇袁隆平执着的梦想。他坚信实践才是真正的权威，火热的生命加上知识的力量能够改变一切。

1966 年，经过两个春秋的艰苦试验，对水稻雄性不育株有了较多的感性认识后，袁隆平把获得的科学数据进行理性的分析整理，撰写出首篇重要论文——《水稻的雄性不孕性》在中国科学院出版的权威杂志《科学通讯》第 4 期发表。这篇论文的发表，标志着在国内开了杂交水稻研究的先河，这不仅是一个普通意义上的水稻育种课题的启动，而且开创了一个划时代的崭新的研究领域。在随后的 30 多年间，他在杂交水稻这个领域始终保持着世界领先地位，他的研究成果一个接一个，他创造的杂交水稻神话一个接一个。从 1976 年至 1999 年，我国累计推广种植杂交水稻 35 亿亩，增产稻谷 3500 亿公斤，相当于解决了 3500 万人口的吃饭问题，确保了我国以仅占世界 7%的耕地，养活了占世界 22%的人口。

袁隆平用知识在中国古老的土地上，圆了华夏民族几千年都在渴盼的梦想，写下了一个震惊世界的神话。

对于一个几千年来受贫穷与饥饿折磨的民族，有着高产量的杂交水稻良种来帮助解决吃饭问题，这是一个多么巨大的贡献啊。难怪一些地区的农民称他为当代“神农”，而国际同行称他的研究是“全人类的福音”。他先后获得了国内国际多项顶尖大奖，身兼数十个学术和社会职务。浩瀚宇宙中，以他的名字命名的小行星闪烁翱翔；风云市场上，以他的名字命名的股票隆重上市。袁隆平，由安江农校的一名普通教师，终于登上了中国“杂交水稻之父”的荣誉殿堂。

不知多少人梦寐以求的辉煌、荣耀、名利，却丝毫也没有使袁隆平发生任何改变，他还是始终如一的恋着杂交水稻事业。

从播种到收获，他依然风尘仆仆的骑着摩托车去试验田；从春夏到秋冬，他依然分秒必争的察看着育种基地。他心中想的只有他的试验，只有他的杂交水稻。

“通过科技进步，现在我国常规水稻的亩产平均为700斤左右，我们培育的杂交水稻平均亩产达800斤左右。我们正在研究一种超级杂交水稻，亩产将达到1500～1600斤，有希望在2～3年内培育成功，那时又将推动全国的水稻产量上一个大的台阶。我们‘超级’稻的培育十分紧张，不管我在哪，都要求基地三天报一次数据，这样我就可以随时对情况进行分析。我们有信心，提前两年实现亩产800公斤的目标。”

1998年，国家国资局对“袁隆平”品牌进行了无形资产评估，认定其价格达1000亿元人民币。对此，在社会上反响很大，各方面给予积极评价，并誉为昭示着中国知识经济的风暴和尊重知识、尊重人才时代的真正到来。

“农平高科”上市后，社会上有人称“袁隆平一夜之间变成了亿万富翁”，他却很平静，对此一笑了之。他仍然一如往日地奔波在试验田地里。

“在我的有生之年，我还有两大心愿：一是把超级杂交稻研究成功，大面积应用于生产，这样21世纪谁来养活中国的问题就解决了；再一个是让杂交稻进一步由中国走向世界，‘发展杂交水稻，造福世界人民’。”

虽已届古稀之年，但袁隆平仍是魂牵梦萦着杂交水稻；虽已没有了园艺场的美丽与缤纷，但那种淳美与质朴，却更能透出一种科学巨人所特有的崇高品质与境界。一种向着最优秀的自己迸发的动人姿态！

做最优秀的自己，就是做平凡的自己。要热爱自己的工作，有积极上进的工作态度，有肯奉献敢拼搏的斗志。首先，饱含热情，主动工作。对情况和环境超前掌握，发挥主观能动性，积极自主地投入工作和社会群体，主动开展交流沟通，客观有效地进行事物的处理和解决；其次，胜任工作，热爱岗位，肯于付出。有建设性地贡献，把工作看成是生存的一部分，高标准严要求，细致严密执行统筹能力、操作能力、策划能力和控制能力，没有任何回旋的余地；再次，技术过硬，能打硬仗，敢打硬仗，不断培养和提高自身素质和能力，不断进步和永无止境地加强修养和素质，一如既往时刻前进；做优秀的自己，要热爱本职工作，最大地发挥自我，超标准地完成岗位工作。

要做最优秀的自己，就需要我们全力以赴，尽心尽力。但是优秀是一项长期的事业，优秀不是一蹴而就的，优秀是需要不断累积的，需要全力以赴、竭尽全力、用一生去做的事。

一则园艺所重金征求纯白金盏花的启事，在当地引起一时轰动，高额的奖金让许多人趋之若鹜。但在千姿百态的自然界中，金盏花除了金色的就是棕色的，培植出白色的很不容易。所以许多人一阵热血沸腾之后，就把那则启事抛到九霄云外了。

20 年后的一天，那家园艺所意外地收到了一封热情的应征信和一粒纯白金盏花的种子。当天，这件事就不胫而走，引起轩然大波。

寄种子的原来是一位古稀老人。老人是一个地地道道的爱花人。当她 20 年前偶然看到那则启事后，便怦然心动。她不顾八个儿女的反对，义无反顾地干了下去。

她撒下了一些最普通的种子，精心侍弄。一年之后，金盏花开了，她从那些金色的、棕色的花中挑选了一朵颜色最淡的，任其自然枯萎，以取得最好的种子。

次年，她又把它种下去，然后，再从这些花中挑选出颜色更淡的花的种子栽种…… 日复一日，年复一年。终于，在 20 年后的一天，她在那片花园中看到一朵金盏花，它不是近乎白色，也并非类似白色，而是如银似雪的白色。

齐格勒说："如果你能够尽到自己的本分，尽力完成自己应该做的事情，那么总有一天，你能够随心所欲从事自己想要做的事情。"

不要以为你做的事太过平常，没有什么新意，不要认为你的工作平淡无奇，取得不了成绩。其实，任何事，只要你用心，你全力以赴，你坚持不懈，就一定会有所收获，就像这位老太太一样。

在香港电影界，周星驰被尊称为“星爷”，他已经成为华人影坛公认的喜剧之王，迄今为止，由他主演的电影超过了50部，周星驰这个名字已经成为了香港电影票房的保证。而周星驰的影片，更是开创了香港喜剧电影的无厘头时代。

实际上，周星驰在成为大名鼎鼎的“星爷”之前，在所有周星驰出演的影片里，他扮演的角色几乎都是小人物。他在现实中的角色跟他在影片中角色的地位也几乎是一样的。那时候，他还有另外一个名字——“星仔”，而“仔”这个被香港人用在小混混身上的称呼，与他相伴了近20年。

成功确实来之不易，早期的星爷很辛苦很努力地“跑龙套”。

1982年香港无线电视台播出的电视剧《射雕英雄传》，主演是当时已成为偶像的黄日华和翁美玲。而刚满20岁的周星驰也在这部电视剧里争取到了一个宋兵乙的角色，那是他第10次跑龙套。戏中，周星驰没有一句台词，刚亮相就被梅超风一掌劈死。

《天龙八部》中有一集，萧峰率领多名随从上少林寺，在原著中称他们为“燕云十八骑”，周星驰就饰演其中之一，当众人指责萧峰时他上前一步欲为之申辩，被萧峰挥手制止，于是这个角色连一句对白都没有就低头退下了。

像这样的角色周星驰还演过很多，他就这样“跑龙套”跑了七八年后，终于被李修贤发现，凭借《霹雳先锋》一举成名。

1990年，周星驰主演了影片《一本漫画闯天涯》，在这部影片中，他第一次使用了自己的名字“星仔”。这时候，他个人化的喜剧表演风格开始显现出来。不久，在与吴君如搭档主演的影片《无敌幸运星》中，他独特的喜剧表演才能得到了充分发挥。

上世纪90年代以后，香港人的文化娱乐观念转向了多元化，人们不再满足于好人和坏人的简单界定，英雄题材的严肃电影逐渐退出主流，于是，周星驰嬉笑搞怪风格的电影有了市场，他扮演的角色更加得到观众的认可。1990年，影片《赌圣》成了周星驰喜剧电影生涯的一个重要转折点。这一次，他跟惯于搞怪的吴孟达合作，出演了一个由江湖小混混的形象出场，而最终成为超级赌王的传奇人物，一举轰动全港。影片上映仅四周，就打破了当时香港电影有史以来的最高票房纪录，成为第一部收入超过 4000 万港元的影片。由于《赌圣》刚刚上映就连创票房纪录，善于捕捉商机的导演王晶立刻邀请周星驰出演了一部完全展示他个人特色的《赌侠》，再次获得了 4030 万的票房收入，与《赌圣》一起名列 1990 年香港票房榜的冠亚军。在短短半年的时间里，周星驰从一个小配角一跃成了香港影坛最抢手的大明星，喜剧电影的卖座之王。人们发现，也就是在这短短的半年时间里，香港媒体对他的称呼从"星仔"改成了"星爷"。

周星驰说："没有人生下来就是大明星，即使是扮演再普通的小角色，你也要全力以赴，用心将其演到最出色。"

一个人的工作态度折射着他的人生态度，而人生态度又决定一个人一生的成就。工作是生命的投影，它的美与丑、可爱与可憎，全操纵在你自己的手中，做好在职的每一天才能更好地实现自己人生价值。只有踏踏实实，充分利用自己在工作岗位上的每一天，刻苦钻研，奋发图强，才能获得事业和人生的成功。

一个渴望有所成就的人，在想清楚自己适合于做什么，什么领域、什么岗位可以作为终身事业之后，就应该扎实地做下去。也许在事业发展的某些阶段会遇到很多困难，也可能会有很多失落，今天所做的一切，都在为明天的成功打基础。如此，或早或晚，成功必然会来。

成为"技术比武大赛状元"、获得全国五一劳动奖章的胡健就在这方面为我们作出了榜样。

胡健 1997 年以优异的成绩从包头钢铁学院毕业，令很多人诧异的是，他放弃了留校安稳地当老师的机会，也没有乘地利人和到包钢当技术人员，而是到邯钢做了一名普普通通的炼钢工人。当时很多人都不能理解他的选择。可胡健有自己的主见：

"当时全国企业都在热学邯钢，我想邯钢肯定正在大发展，在这大发展中我能找到自己的用武之地。"也正是这个看似书生气十足的简单想法，让胡健经历了辛劳，体验了磨砺，更收获了成功。

初入邯钢的时候，他什么脏活、累活、苦活全都抢着干，没有一点大学生的架子，连带他的老师傅们都交口称赞：大学生要都这样就好了。

正是这种全身心投入，让机遇垂青于这位年轻人。1998年，邯钢要从德国西马克公司引进最新的设备和技术，这是国家立项的冶金行业最大的紧凑式带钢轧制生产线。这个项目需要既有精深的专业知识，又有工厂实践经验的年轻人。胡健有知识、有能力、勤学习、能苦干，顺理成章地被抽调参与筹建该项目。在项目实施过程中，胡健以优秀的表现成为项目组的核心人物。由此，胡健也迈上了职业生涯的新台阶，他也越发成为企业里不可替代的人才，手把手地带出80多个徒弟，成为热轧工艺的“掌门人”。

“我这人就是喜欢踏踏实实干成点事儿！”这是胡健的表白。他的故事告诉我们：只要看准自己的目标，踏踏实实、勤学实干，就能在平凡的岗位中脱颖而出，开拓出属于自己的一片天空。

也许工作的类型有多种多样，所需要的技能千差万别，但只要有一颗做事业的心，不论是什么样的岗位都能取得不凡的成就，即便是很多人都看不上眼的职业。

30年前，于志远是一名普通得不能再普通的搓澡工，那时候“保健按摩”行业还停留在原始阶段（如今已是拥有巨大市场的健康产业）。小时候贫困的家境、困窘的生活给他留下了心酸的记忆，成就一番事业的梦想早就在这个年轻人的心中埋下了种子。

刚干这一行的时候，他觉得工作卑微，没什么前途，一度懈怠。有领导看到后跟他说：“你这样可不好，不安心工作。”这样的批评激发了于志远的好胜心，他对自己说：“好吧，我就是要在这个人人看不起的搓澡工的岗位上干出个样儿来。”

从此，他成了浴池最勤快和最用心的工人。

只要下工夫，行行都出状元。他苦练技术，成了技艺精湛的保健按摩师。经过辛勤的练习和用心地研究，他不仅掌握了全套保健按摩的技术，还研究出了一套新的保健按摩手法，编写了全国保健按摩第一套行业标准和《按摩师》教材以及按摩行业职业资格考试的试题。

于志远从在外人眼中卑微、一度对前途充满憧憬却也有迷茫的搓澡工成了中国保健按摩职业的开创者和先行者，开创了属于自己的一份事业。

于志远对自己的成功历程充满了感慨。"我从来不掩盖自己的过去。相反我挺自豪的。店里挂着我的简历，最先写的就是'北京第二服务局搓澡技术能手'、'北京市自学成材标兵'"。"我曾是北京崇文区鲜鱼口浴池的搓澡工"是他招牌式的自我介绍。

只要全力以赴，就能做最优秀的自己。有这种信念，工作就成为了一种兴趣，成为了自己内心的需要，工作就有了热情，工作就成了快乐，也就更能激发出工作的兴趣，再平凡的工作也能做得乐趣无穷，业绩辉煌。

现在的于志远已经成功经营起广受欢迎的保健按摩店，并且一直都坚持在一线工作，工作给他满足感也给他成就感，让他觉得日子过得"有分量"，使他能感受到更纯粹、更强烈的"工作的乐趣"。

教玉章也是一个在外人眼中卑微的岗位上干出名堂的人。他是辽宁省沈阳北站地区环境卫生管理所的管理员——打扫厕所，这个在很多人都看不起的工作岗位，如何能干出名堂？但教玉章却做到了。

1997年，沈阳市实行公厕管理改革，将公厕承包给个人。教玉章也承包了一处临街公厕。当时才34岁、身高一米八五的教玉章实在是难以适应。

刚开始，教玉章打扫厕所都是趁着没人时，干完就急忙躲起来，生怕被熟人撞上。

不过教玉章确实是个本分勤快且有公益心的人。无论谁不小心落下了什么东西，他都会好好地保管起来，等人来认领。很多人通过留言或写信的方式感谢他，久而久之，教玉章越发深切地感受到：打扫厕所的事看着简单甚至卑微，用心思干也能得到别人的由衷尊敬，并能为人们提供许多便利和帮助。他在公厕休息室写下了八个大字：帮助别人，快乐自己。

教玉章常年预备有打气筒、修自行车工具、针线包、小药箱、婴儿车、雨伞等一系列生活中用得着的小东西，方便所有的来如厕或就近寻求帮助的人。他还给大家提供最新的报纸和杂志，并利用互联网、报刊和各种书籍搞出了一个知识园地，将一些四季常见病、多发病防治常识登出来，甚至还有全世界的公厕知识、公厕文化。

2003 年，教玉章在沈河区城建局的支持下，绘制出沈阳市第一张标有沈河区 42 所公厕的《导厕图》。他在人代会上提出了《公厕拆迁时应预留公厕新址并适时重建》、《公厕路引标识应统一规范》等提案。2006 年，在教玉章的努力下，市民开始可以通过"电话 114"、"160 信息台"、"短信 114"三种方式查询公厕的位置了。他又将市内 5 区主要街道的 220 个水洗公厕位置制作成图，有 3 家电信部门将其变成电子版《导厕图》；他还专门为聋哑人设计了发短信找厕所的办法……

教玉章在一份一般人都看不起的工作上做出了大名堂，他被评为了沈阳市特等劳动模范、辽宁省劳动模范，并成为沈阳市人大代表，这样的荣誉是实至名归。

在很多人看来，要成就一番事业，应该有高起点、高平台，如果岗位一般、环境不佳，那就很难有什么大成就。但于志远、教玉章以及许许多多平凡的员工都用自己的身体力行告诉我们：平凡的岗位上可以取得卓著的成绩，在外人看来卑微的工作中也可以孕育出不凡的作为。永远追求进步才是成功的持久动力。我们每个人的身体中都潜伏着优秀的才能，不断从心中释放出来，才能帮助我们登上人生的顶峰。

所以，不管你的工作如何卑微，都不要抱怨，不要气馁，都应当用心对待，全力以赴，展现最好的自己，发挥最大的潜能，做最好的自己，最优秀的自己，实现自己的理想，辉煌自己的人生。

第三章　开拓创新，岗位成才，创造发明，员工大有作为

工作就是员工创新的舞台，岗位就是成才的热土，只要具有开拓创新、勇于创造的精神，积极地想办法，工作就能有办法；主动去找思路，工作就会有招数；小创造、小发明、小改进、小革新、小计策、小方法，都能展现自我、挥洒智慧，让每一个员工都大有作为。

1. 小小岗位也能成为创新的大舞台

对于广大员工而言，岗位就是我们的舞台，无论是一线工人，还是小组长、班长、医生、教师、乘务员、建筑工……每个岗位都是施展自己才华和体现人生价值的舞台。有一句广告词说："心有多大，舞台就有多大。"对于员工而言，也是这样，心有多大，舞台就有多大。只要你愿意去想去做去努力去奋斗，尽心尽职，力争做到最好，做到极致，你有多高的想法，你创新的舞台也就会有多大。

2007年2月27日，北京人民大会堂，国家科学技术奖励大会在这里隆重举行。

在这个科技精英荟萃的大会上，一位普通工人走上了领奖台，接过了国家科技进步二等奖的奖状。他叫王洪军，是一汽集团一汽一大众有限公司钣金整修车间工段长，他成为首批获得国家科技进步奖的两位工人之一。

"我没有想到能得到这么高的荣誉，我只是在平凡的岗位上搞了一些发明和创新。"王洪军谦逊地说。

可就是这些在平凡岗位上的发明创新，让许多外方专家都赞叹不已。大众公司的一位德方经理迈特这样评价王洪军："他的创新精神值得我们学习，他是我见过的大众集团全球范围最优秀的工人。"

37岁的王洪军在钣金整修这一岗位上已经整整工作了17年。

钣金整修是对压模和装运过程中车身上出现的缺陷进行修复。"钣金整修工作是很苦很累的，噪音大，粉尘也大。到了夏天，一动就是一身汗。"王洪军的工友这样描述他们所从事的工作。

由于车身上的每个缺陷形状都不一样，位置也不一样，因此，没有一个万能的工具。以前，一汽使用的整修工具完全是从德国进口的,一套工具就得5万元左右,价格高不说,品种很不齐全,使得有些缺陷根本无法修复。为了让车身修复达到理想的效果,王洪军开始想办法自己制作工具。

王洪军试探制作的第一件工具是修理车身侧围和顶盖的钩子。他边查找资料边不断尝试调整。经过一个多月的努力,几十次试验,终于试制成功了一套钣金修理的钩子。这个钩子投入使用后,效果非常好,大家都说使起来顺手、有效。

从此,王洪军对制作工具着了迷。白天在工厂修复车身,晚间就琢磨制作工具,然后再拿到现场反复调整。他制作的工具技术含量也越来越高,由Z形钩、T形钩等单件工具,到多功能拔坑器等组合工具。

十几年来,王洪军共制作了40多种2000多件工具,满足了多种车型各类缺陷的修复要求,使整车质量、生产节拍都有了很大提高。

有人说,在技术创新方面王洪军是"软硬兼施",硬的方面是发明工具,软的方面则是探索新的方法。

王洪军在发明制作工具的同时,又开始着手探索快捷有效的钣金整修方法。他的工友们回忆说:"那时候,他整天抱着十几斤重的高频打磨机,在废车身上练习,手磨破了,臂划伤了,都不在乎。"

经过反复实践,王洪军逐渐摸索出了手感检查车身的独特检查方法,并总结出了凹坑、死点坑、边缘坑、弧面坑等不同缺陷的整修方法,他把自己掌握的整修技能和研制的一些先进方法和技巧进行整理、归类,创造出了47项123种非常实用又简捷的轿车车身钣金整修方法。

当他用自己创造的方法修复了被德国专家认定不能修复的车身时,德国专家惊讶了,亲自动手将修复处解剖、分解成六七段,反复检查,发现完全符合要求。但德国专家还是心存疑虑,又让一汽—大众质保部门通过仪器对其进行全面检测,发现钢板厚度、结构尺寸等都完全合格。德国专家彻底服了。

方法积累得多了,王洪军整理出版了《王洪军轿车车身维修调整方法》一书。

2003年4月王洪军的方法通过了一汽—大众中、德质保专家组织的评审和鉴定,被正式命名为"王洪军轿车快速表面修复法"。专家一致认为,王洪军的快速修复法对车身表面钣金修复和调整具有重大的实用价值,居国际先进水平。

王洪军出身于知识分子家庭。父亲是大学教授,哥哥姐姐也是知识分子。可从小酷爱机械的王洪军却执意报考技工学校直接当工人。他向父亲表示:我做工人,学手艺,一样可以成为对社会有用的人。

20年后,王洪军用自己的贡献实践了当初的承诺。一汽—大众公司曾给王洪军算过一笔账,仅近5年来,通过王洪军的技术创新,就为企业创造了3700万元的价值。

2003年初,大众公司从德国进口了一批新车身,有1700多台"白车身"后轮罩靠近后门锁处存在表面缺陷。外国专家认为无法修复,建议聘请国际知名的荷兰专家,但修理费用需要400多万元。公司领导找到王洪军,希望他能攻克这道难关。王洪军一天一夜没合眼,翻阅了大量资料,一个方案一个方案地推敲。他组成了攻关小组,在报废车上反复试验,最后,终于找到了解决方法。苦干了近一个月,1700多台"白车身"全部修复合格。

在为公司创造巨大经济效益的同时,王洪军还利用自己的手艺服务于社会。他的业余时间排得满满的,经常义务为用户修车。谁的车有毛病,找到他,他二话不说,有求必应,一年下来义务修车几百台。

经济全球化日益深化的今天,自主创新能力决定着一个国家、一个民族的进步与否,决定着一个企业的生存与发展。企业只有增强创新能力,才能增强市场竞争力,才能实现又好又快的发展。

员工是企业的主体，也是增强企业自主创新能力、建设创新型企业的主力军。企业在进行创新活动的过程中，不仅要靠科技工作者的研究探索，而且更多地要依靠广大员工在本职岗位的创新，充分发挥广大员工在提升企业自主创新能力，推动创新发展中的主力军作用。作为企业中的一员，不要总认为创新是科技人员的事，与我关系不大；我的工作压力很大，没有时间搞创新；我做好本职工作就可以了，搞不搞创新无所谓；创新风险太大，如果失败太丢脸，这些想法要统统丢掉。要抛弃这种墨守成规的惯性心理、瞻前顾后的畏难心理、不思进取的惰性心理、与己无关的漠然心理、固步自封的闭塞心理，大胆探索，锐意创新，把小小的岗位作为自己大展拳脚的创新舞台，革新技术，创新发明，为自己成才、为企业发展奋发努力。

一间简陋的工作室，到处堆满着各种电子线路板，凌乱中最惹眼的是两摞高高的、整整齐齐的电子报合订本。正是这从上世纪90年代初期开始一直到现在的电子合订本，见证着夏龙在丹棉集团从木工、浆纱值车工、棉布试验工，到机修工，到机电设备维修工程师的历程，也见证了夏龙把自己的岗位作为开始创新的舞台舞出了人生精彩的历程。

一次，一台经常发生故障、已被专家判定需要耗资4.65万元重新进口的空压机配套设备，经夏龙和动力技术人员的反复攻关，仅花1元成本就使该设备起死回生。

原来，丹棉集团空压房一台空压机的马达软启动器由于长期运行，经常出现错误故障和报警跳停，严重影响了喷织、喷纺几十台主设备的正常运行。前来维修的上海泰力公司服务工程师诊断后指出，该设备是美国原装进口产品，其所损配件目前国内无货，建议新进口一台软启动器，价值4.65万元，交货期为6～8周。可是夏龙和动力分厂技术人员经过连续“会诊”，先后维修好线路板、主回路等多处故障，总共只花1元钱更换了6个小元件，就在最短时间内修好设备恢复正常运行，为企业节约了4.65万元。

夏龙有一只袖珍数字万用表,是日方技术人员送给他的。这只万用表表达的是日方技术人员对中国工人的钦佩,对夏龙的钦佩。

那是一次日方调试人员在丹棉集团排除送经系统失灵的故障,在没有查清有几处损坏的情况下,就换上了一只新的送经电机并通电开车,结果还是有故障,再查时发现送经驱动装置也坏了,又换了一只,再被烧坏。面对四只坏件,日方调试人员已经束手无策,这时离他们回国期限只有3天了。正当他们焦急万分的时候,夏龙来了。他像在草堆中拣谷粒般仔细检查分析了损坏的电器部件,发现是日方人员在维修程序上出了差错。于是他胸有成竹地自己动手,按照正确的操作程序谨慎地换上机电配件,经检查无误后采用点动方式开车,一举获得成功。这震动了日方技术人员,他们以钦佩的眼光注视着这位年轻的、憨厚的中国纺织工人,临行前他们赠送给夏龙一只袖珍数字万用表。

其实,夏龙搞机电维修也是半路出家,只是从小对电子的喜爱让他在这一行始终孜孜不倦地追求着。每天,除了吃饭睡觉,他几乎将所有的空闲时间都用在了研究学习机电维修上。当集团公司最早从国外引进科技含量高、维修难度大的高速织机时,他抓住外方技术人员安装调试的机会,白天带着心眼跟他们一起工作,晚上则挑灯夜战记录整理关键的窍门。他对织机上每一块线路板、每一个电气部件的作用原理进行分析研究,用最短的时间掌握了这种织机的基本控制原理。在外方人员离厂后,他很快就独立担负起新设备的维修保养工作。

一些损坏或老化机电设备,若要更换进口配件,不仅手续繁、时间长,而且价格昂贵,于是夏龙大胆尝试改革,向进口配件国产化发起冲刺,他改造的毕加诺织机上探纬器的国产代用件,成本仅是进口件的1/7。这些年来,他已经为企业节约开支上百万元。同时,夏龙还参与了十余项技改项目。对他来说,工作就是不断解决问题的过程,而岗位正是自己大显身手的舞台。

把握住了这个舞台就能舞出人生的精彩。

"我就是一个普通的员工，能创出什么新？"这是很多员工对创新的误解。其实创新不专属于宏大、精深的高科技领域，更多的创新发生在层次并非多么高级的工作中，而是在工作一线的不断革新和改进。海尔前总裁张瑞敏如是说："创新不等于高新，创新存在于企业经营管理的每一个细节之中。"

所谓创新，就是要敢于、善于跳出原有的思想框框和思维定式，多谋创新之策，多出创新之招，多做创新之事；就是要敢为天下先，敢走别人没有走过之路，敢做别人未曾做过之事。

比如，某时装店的经理不小心将一条高档呢裙烧了一个洞，其身价顿时一落千丈。如果用织补法补救，也许能蒙混过关，但那是在欺骗顾客。这位经理突发奇想，干脆在小洞的周围又挖了许多小洞，并精心装饰，还将其命名为"凤尾裙"。一下子，"凤尾裙"成了畅销货，该时装商店也因此出了名。

创新并不像有些人想象中的那么难，也并不是某些人的专利，而是每一个岗位、每一个工作、每一个员工都可以创新，都可以发明，只要你敢于思考，勇于去想，跳出一些条条框框。

洗衣机的脱水缸，它的转轴是软的，用手轻轻一推，脱水缸就东倒西歪。可是脱水缸在高速旋转时，却非常平稳，脱水效果很好。当初设计时，为了解决脱水缸的颤抖和由此产生的噪声问题，工程技术人员想了许多办法，先加粗转轴，无效，后加硬转轴，仍然无效。最后，他们来了个逆向思维，弃硬就软，用软轴代替了硬轴，成功地解决了颤抖和噪声两大问题。

换个角度，就换了一种思维，就打破了自己的习惯思维和固有思维，这样，必然会有不一样的结局出现，创新也随之而来。

一些专家在研究汽车的安全系统如何保护乘客在撞车时避免受到伤害时，最终也是得益于换一面解决问题。他们想要解决的问题是，在汽车发生冲撞时，如何防止乘客在汽车内移动而受伤——这种伤害常常是致命的。在种种尝试均告失败后，他们想到了一个有创意的解决方法，就是不再去想如何使乘客绑在车上不动，而是去想如何设计车子的内部，使人在车祸发生时最大程度地减少伤害。结果，他们不仅成功地解决了问题，而且开启了汽车设计的新时尚。

在现实的生活中，当人们解决问题时，时常会遇到瓶颈，那是由于人们只在同一角度停留造成的，如果能换一换视角，也就是我们一直在说的换一面考虑问题，情况就会改观，创意就会变得有弹性。记住，任何创意只要能转换视角，就会有新意产生。

天津的摩托罗拉工厂，有一组流水线上的工人，不断地进行改良和创新，把一个流程从两个多小时缩短到一分半钟！原来的 BP 机板是整个的，要切开以后再焊接，他们把第一步改成先焊接再切开，因为这样可以用机械手一次性焊成，缩短了时间。之后，他们不断改进，每一步都只有非常小的改变，也只有非常小的进步，但是每一步都很坚实，最后的结果是把流程从两个多小时缩短到了一分半钟。后来这一组工人受到了摩托罗拉总部的奖励，并前往美国向全球的其他摩托罗拉工厂介绍经验。他们的经验在摩托罗拉内部得到了推广，极大地提高了生产率。

思考是创新的源泉，思考能力不仅是卓越员工智慧的体现，也是创新的活水源头。让自己的大脑始终处于思考状态，考虑工作中遇到的各种问题，接受其他领域中的优秀思想，你就能够提出独到的见解，激发独特的创意，

一个公司的研发部门需要弄清一台进口机器的内部构造，尤其是这台机器中由错综复杂的 100 多根弯管组成的密封部分。在没有图纸和其他资料可供查阅研究的情况下，要弄清其中每根弯管的入口和出口，是一件非常困难的事。

研发部经理找来了有关科技攻关人员。他指示，这项重要的任务要不折不扣地按时按质完成，而且花钱又不能太多。可以广开思路，从多方面去考虑，不管是洋措施还是土办法，一定要找出一个切实可行的方案来。

于是,公司的科技人员都纷纷开动脑筋,利用自己所学的知识,提出了各种各样的建议,如用光线照射、分别往弯管里灌水等。甚至有的人联想起唐太宗李世民出题考藏王松赞干布的特使禄东赞的故事,提出让蚂蚁之类的小昆虫去钻每根弯管等。

虽然大家提出的办法都可行,但都太劳神劳力,要么花费很多财力和精力,要么占用时间过长,因此这些办法都被一一否定了。

后来,这件事被公司的一位看门老大爷知道了,他主动找到公司的领导说:“这个太容易了,用我手里的烟袋和两支笔就行了。”说完,他把烟点着,深吸一大口,然后对着一根管子口往里吹,并在这根管子上注上“1”;让另一个人站在管子的那一头,见烟气从哪根管子口冒出来,便立刻写上“1”。其他管子依此类推,注明“2”、“3”、“4”……不久,100 多根管子的“来龙去脉”就都搞清楚了。

一个会思考、能积极寻找解决问题方法的员工,对于企业来说,才是最有价值的员工。每一个职场人士都应善于思考,积极地寻求解决问题的最有效方法,要经常问自己:“怎样才能将工作做得更好?”当一个人具有了这样的自我鞭策意识后,自然能够了解自己的不足之处,培养自己的思考能力,并掌握各种方法提升自己的工作能力,让自己在岗位上大显身手,找到人生的价值。

很多好的创新都简单得惊人,我们在看到一项创新成果时往往会说:“这个一看就懂,可我怎么就没有想到呢?”

为什么你没有想到?其实,人与人之间的差别就在这里,就在于是不是生活中的有心人,是不是在关键时刻敢于迈出第一步!

尝试着做点什么改变现状吧。从现在做起,找到你岗位中最易创新的突破口,以岗位作为自己的创新舞台,开始思考、规划、执行。天长日久,创新就像水中的涟漪一般,铺满你整个的人生。

2. 大力培养创新精神

开拓、创新是人类进步的推进器，是企业活力的源泉。培养创新精神是我们这个时代的需要，也是我国国情的需要。当前，我国大力倡导自主创新，建设创新型企业的活动如火如荼，创新精神是每一个员工都应该大力培养的精神。

许多员工只是抱着坚守本职工作岗位的态度，因循守旧，缺乏创新精神，认为创新是老板的事，与己无关，自己只要把本职工作做好就行。这是不行的。创建创新型企业，每一个员工都有责任，企业的创新正是由大家的共同努力才完成的。

韩国最大的企业集团三星拥有今天的技术实力，与其鼓励创新和倡导创新的有效举措密不可分。现在，三星在招聘员工时，特别看重应聘者的创新精神和创新能力，努力在全球范围内吸收富有智慧、勇于挑战、开拓进取的创新型人才。在培训环节，三星突出创新型人才的培养，努力开发员工的创新能力。

"创新"是三星极力提倡的工作精神，并作为厂训深深地扎根在三星人的心中。

三星集团包括 26 个下属公司及若干其他法人机构，在近 70 个国家和地区建立了近 300 个法人及办事处，员工总数 19.6 万人，业务涉及电子、金融、机械、化学等众多领域。

集团旗下 3 家企业进入美国《财富》杂志 2003 年世界 500 强行列，其中三星电子排名第 59 位，三星物产第 115 位，三星生命第 236 位。2003 年三星集团营业额约 965 亿美元，品牌价值高达 108.5 亿美元，在世界百大品牌中排名第 25 位，连续两年成为成长最快的品牌。集团旗下的旗舰公司——三星电子在 2003 年《商业周刊》IT 百强中排名第 3 位，日益成为行业领跑者，其影响力已经超越了很多业内传统巨头。

可又有多少人了解 1997 年亚洲金融危机后，三星这家本来名不见经传，而且已经走到死亡边缘的韩国公司一跃跻身于世界诸强之列背后的秘密呢？

三星的巨变可以追溯至1997年的亚洲金融危机。当时，三星公司生产了大量的低价产品，所以，当韩国经济直线滑落时，公司损失惨重。提高盈利成了当务之急。为此，公司削减成本30%，卖掉了那些业绩不佳的子公司，还必须依靠自己的力量改变走廉价道路的发展策略。

此时，三星公司意识到不能总是做一名低成本的搬运工，否则，终有一天会失败。于是，三星集团的主席李健熙传令下来：不创新，毋宁死。

可见三星对于创新的执著和渴求，对于创新的看重和绝决。

有一位记者曾问李嘉诚这样一个问题："为何你几十年的成功积累还不如比尔·盖茨的几年暴富？"

李嘉诚在感慨"后生可畏"的同时，坦率地承认比尔·盖茨掌握了这个年代最为稀缺的资源：创新精神和创新能力。李嘉诚认为：创新可以让一个"新品"在一夜之间战胜一个畅销几十年的"名品"。"新品"来自何方？来自创新人才之手。

美国著名心智发展专家约翰·钱斐说道："创新能力是一种强大的生命力，它能给你的生活注人活力，赋予你生活的意义。创新能力是你命运转变的唯一希望。"

蒙牛为什么只有短短的十年发展，却能做成亚洲第二、中国第一的乳制品品牌，除了牛根生经营有方外，与蒙牛一贯的创新精神也密不可分。1983年，牛根生只是伊利集团的一名十分普通的洗奶瓶工人。谁也意想不到，这位洗奶瓶的工人因为具有非凡的敬业精神和创新精神，后来成了伊利集团的副总裁，再后来创办了连续三年增长速度排中国第一的蒙牛集团。

在王达林《创造天下》一书中，介绍了牛根生如何以超强的创新能力使自己走向成功的过程。

20世纪90年代中期，牛根生是伊利的一名普通员工。那时，伊利推出了冰淇淋新品“苦咖啡”。有位地位显赫的女士来伊利参观，这位女士有糖尿病，按理说不能吃甜食，但尝了“苦咖啡”后，连声说好，又要了第二根。

当时，牛根生正在内蒙古工学院学计算机，周围都是些爱吃雪糕的女孩，但问起“苦咖啡”，谁都不知道。

在把这两件事联系在一起后，牛根生不禁想：连糖尿病人都抑制不住连吃两根“苦咖啡”，我们却把它“藏在深闺人不知”，这怎么行呢？按惯例，冬季是冰淇淋业的淡季，但牛根生却把工人召集到一起：咱们今年冬天做一次营销——让人们在大冬天里吃雪糕！这就是想前人之不敢想、做前人之不敢做的创新。

经商定，伊利首先在呼和浩特和包头两座城市作试点。当时的广告创意是：一个天真可爱的小男孩，手持“苦咖啡”，初咬一口，眉关紧锁——苦！越吃越香，露出灿烂的笑容——甜！话外音：“苦苦的追求，甜甜的享受！”

一句广告语，赋予了“苦咖啡”无限的联想，后来还成为公司的经营理念之一。

在当时，牛根生采取了国内从未有过的传播策略，只要有广告时段，就加入了“苦咖啡”的广告，已达到无孔不入，无人不知的程度。这种高密度全覆盖广告法，赢得了立竿见影的传播效果。1996 年 12 月，在试销的呼和浩特和包头两个市，满大街都是“苦咖啡”，淡季变成了旺季。紧接着“苦咖啡风暴”又跳出了区域市场，刮向全国。“苦咖啡”的制作广告仅仅 5000 元，播出费花了 200 万元，最终赢得了 3 亿元的销售收入。

企业的创新来自于有创新精神和创新能力的员工。同时员工通过创新让公司认识到他们对公司业务的价值和潜在的优秀品质，从而在职业发展的道路上快速成长。

具有开拓创新能力是优秀员工的重要标志。员工不仅运用自身掌握的知识、信息以及根据所处的环境以常规方式来处理大量的事务，更重要的是能从已知的大量知识、信息中通过鉴别、分析、判断、权衡利弊的果断决策等手段设计一种全能、正确、高效的方法来处理、解决问题,以达到工作效率和经济效益的最大化,为企业的超常规发展作出贡献。

每个企业都欢迎不墨守成规且经常出新的员工,因为创造力和创新能力是企业发展的永恒动力。有创新精神、勇于创新、敢于创新的员工是企业最强大的力量,也是成就自我的重要途径。有创新精神的员工,不仅可以为企业带来最大的效益,也为自己的成功提供了保障。

卢彦昌当年从南开大学元素有机化学研究所毕业后,面对合资、外资企业的优厚待遇和出国留学的诱惑,毅然选择了国有企业天津药业公司。那时,他只有24岁。如今他已成长为一名在天津乃至全国医药界重量级的科技带头人。

1995年被任命为天津药业公司总工程师时,他才刚满30岁,是当时天津市大型国企中最年轻的总工。2001年,天津药业公司改制,成立天津金耀集团,卢彦昌担任集团总工程师。

天津金耀集团是一个有着60多年历史的老国有企业,改革开放之初,企业经历着由计划经济到市场经济的艰巨变革,经营曾一度陷人困境。在天津从“三五八十”到“三步走”的发展战略的引领下,企业明确了“高科技加规模经营”的发展思路,坚定了技术开发和市场开发的发展方向,制定了《对有突出贡献的科技人员的特殊奖励规定》,形成了“创新、完美”的企业精神,卢彦昌在受到极大的鼓舞和鞭策的同时,也感受到一种前所未有的压力。企业改革的实践使他更加坚定了一个信念:科技创新是加快发展的动力,技术攻关是企业发展的节点,企业要想走出困境,科技人员必须努力拼搏。

“以溴代碘”项目是卢彦昌承担的第一个课题。正是由于他的踏实肯干和刻苦钻研,加之几个月时间钻在试验间里谁也拉不出来的拼劲儿,该项目取得迅速突破,以低成本的“溴素”代替了当时价格昂贵的进口原料“碘”。卢彦昌迈上了科技创新的第一个台阶。

后来,卢彦昌承担了“醋酸氢化可的松”新工艺的研制攻关,这个产品当时在市场上十分紧俏，国内各激素厂家竞争激烈，卢彦昌感到天津金耀集团作为国家皮质激素生产基地，一定要紧紧抓住这个机遇。但他经过认真分析后发现，天津金耀集团的传统工艺并不比其他厂家占有优势，反而会因工艺老、企业大、包袱重而被市场拖垮。他制定了在技术上有所创新，以降低生产成本，提高产品质量，进而提高产品市场竞争力的攻关目标，把自己又一次推向技术攻关的前沿。他夜以继日地翻阅了大量的技术资料，找准突破口后，他和课题组人员一道废寝忘食地攻关，在无数次的试验中，他冒着染菌的危险，总是坚持第一个进台最后一个离开，终于发明了以合成代替生物发酵的新工艺，使产品成本下降，质量提高，大规模投入生产后，各项技术指标均达到国内领先水平，原材料成本每公斤降低500多元，产品市场占有率达90%以上，为企业赢得了市场先机和显著的经济效益。

企业发展必须要有创新精神。企业用人不仅看他是否能胜任现任工作，更重要的是要有创新精神，因为这对于企业非常重要。在现代职场里，老板对于每个员工的考核，不再仅仅局限于专业技能的优劣。一些新的成功必备条件正在形成，并正主宰着每个员工的职场命运。是否具备创新意识和创新能力是职场成功的条件之一，关系到一个人的职场生涯是否成功。

什么是创新精神？就是开拓进取、勇于创新的精神。它既是一种品格，又是一种胆魄，还是一种才识，是三者的有机统一。首先，创新精神是一种富有怀疑精神、求实精神、自信心、好奇心、勤奋刻苦和坚忍不拔的品格；如果迷信传统、书本、权威，不脚踏实地，缺少自信，缺乏好奇心，懒散怕苦，不能持之以恒，便是没有开拓创新的品格。

其次，创新精神又是一种“敢说前人没有说过的话，敢走前人没有走过的路，敢创前人没有开创的新事业”的大无畏的胆略和气魄；如果畏首畏尾，缩手缩脚，不敢为天下先，只敢跟在别人屁股后边跑，不敢阐述自己的新见解，只敢讲已定论的东西，便是没有开拓创新的胆魄。

再次，创新精神还是一种才识，即也是一种才能、见识。它要求必须具有创造性思维和较强的从经验、事实、材料中提炼出自己思想的能力；如果思维僵化，缺乏创造性，拥有丰富的经验、事实、材料却就是提不出自己的思想，便是没有开拓创新的才识。开拓创新精神，品格、胆魄与才识必须齐备，缺一不可。品格是基础，没有开拓创新的品格，就很难产生创新的欲念，即便偶尔产生，也会因缺乏动力支持而昙花一现；有胆魄而无才识，轻则不能成事，重则陷于蛮干而遭受重创；有才识而无胆魄，往往是明知某件事干了大有好处却就是不敢干，结果眼睁睁看着才不及己者屡获成功而春风得意，自己却事败困迫而懊丧不已；当然，如因循守旧，墨守成规，死守教条，品格、胆魄与才识皆无，那更会一事无成。

创新精神提倡独立思考，不人云亦云，并不是不倾听别人的意见，孤芳自赏，固执己见，狂妄自大，而是要团结合作，相互交流，这是当代创新活动不可少的方式。创新精神提倡胆大，不怕犯错误，并不是鼓励犯错误，只是强调错误是科学探究过程中不可避免的。创新精神提倡不迷信书本、权威，并不反对学习前人经验，任何创新都是在前人成就的基础上进行的，创新精神提倡大胆质疑，而质疑要有事实和思考的根据，并不是虚无主义地怀疑一切。总之，要用全面、辩证的观点看待创新精神。

那么，作为一个普通的员工，要怎样才能培养自己的创新精神呢？以下方法可以参考：

首先，对所学习或研究的事物要有好奇心。牛顿少年时期就有很强的好奇心，他常常在夜晚仰望天上的星星和月亮．星星和月亮为什么挂在天上？星星和月亮都在天空运转着，它们为什么不相撞呢？这些疑问激发着他的探索欲望。后来，经过专心研究．终于发现了万有引力定律。

能提出问题，说明在思考问题。在工作过程中，自己如果提不出问题，那才是最大的问题。好奇心是包含着强烈的求知欲和追根究底的探索精神，谁想获取创意，取得成功，就必须有强烈的好奇心。正像爱因斯坦说的那样："我没有特别的天赋．只有强烈的好奇心。"

其次，对所学习或研究的事物要有怀疑态度。不要认为被人验证过的都是真理，许多科学家对旧知识的扬弃，对谬误的否定，无不自怀疑开始的。伽利略则始于对亚里士多德“物体依本身的轻重而下落有快有慢”的结论的怀疑,发现了自由落体规律。怀疑是发自内在的创造潜能,它激发人们去钻研、去探索。对书本我们不要总认为是专家教授们写的,不可能有误。专家教授们专业知识渊博精深,我们是应该认真地学习,但是,事物在不断地变化,有些知识现在适用,将来不一定适用。再说,现在的知识也不一定没有缺陷和疏漏。老师不是万能的,任何老师所传授的专业知识不能说全部都是绝对准确的。对待我们所学习或研究的事物我们应做到:不要迷信任何权威,大胆地怀疑,这是我们创新的出发点。

第三,对所学习或研究的事物要有追求创新的欲望。如果没有强烈的追求创新欲望,那么无论怎样谦虚和好学,最终都是模仿或抄袭,只能在前人划定的圈子里周旋。要创新,我们就要坚持不懈的努力,勇敢面对困难,要有克服困难的决心,不要怕失败。相信一点,失败乃成功之母。

第四,对所学习或研究的事物要有求异的观念。不要“人云亦云”。创新不是简单的模仿,要有创新精神和创新成果,必须要有求异的观念。求异实质上就是换个角度思考,从多个角度思考,并将结果进行比较,求异者往往要比常人看问题更深刻、更全面。

第五,对所学习或研究的事物要有冒险精神。创造实质上是一种冒险,因为否定人们习惯了的旧思想可能会遭致公众的反对。冒险不是那些危及生命和肢体安全的冒险,而是一种合理性冒险,大多数人都不会成为伟人,但我们至少要最大程度地挖掘自已的创造潜能。

第六,对所学习或研究的事物要做到永不自满。一个有很多创造性思想的人如果就此停止,害怕去想另一种可能比这种思想更好的思想,或已习惯了一种成功的思想而不能产生新思想,结果这个人变得自满,停止了创造。

当然,创新不是说随随便便就可以,不仅需要我们培养创新的精神,更需要创新的方法。创新发明的方法很多,我们介绍几种实用的方法:

1. 组合发明法。

相同或不相同的事和物,经适当的组合会创造出另一种新事物,并且会产生难以预料的作用。这是一种古老而又新颖的发明创造方法。例如最简单的组合，饭锅和电炉组合在一起就成了电饭锅，而水杯和电炉组合在一起则成了电热杯。总之只要根据需要，把不同的事物有机的结合，就有可能创造出新事物。但是，请注意，组合方法并不是简单的相加或叠加，它需要把现有的知识、技术、工艺和智慧进行合理的综合开发，从而在科学的基础上，创造出新的技术和产品，才算是实现了组合方法的真谛。请相信组合方法的威力，并让这种方法为你创造奇迹。

2. 补短发明法

许多成功的发明家，有一个鲜为人知的秘诀，这就是他们懂得，世界上一切事物都并非十全十美的。即使是名优特畅销商品，也绝非完美无缺。寻找各种用品、用具、器械的缺点和短处，也就发现了问题，这就是发明创造的绝妙突破口。当你发现一个重要的短处，往往就找到了一个发明课题。努力设法弥补这一短处，你就会做出意想不到的发明来。举个最简单的例子，用壶烧开水，一不注意，水开了会把火扑灭，酿成危险。有人发明在壶盖边上开一个小口，水沸时，蒸气使之叫出声来，提醒烧水人注意，即可减少危险，又减少浪费能源。事实上，飞机、汽车或轮船的发展史都是在补短发明过程中完善起来的。总之，从你周围熟悉的事物，用具、器具当中，努力发现它们的短处，甚至是隐蔽性很强的短处，进一步研究出相应的解决方案，动手改进它，这就是“补短发明法”成功的真谛。愿你们从中得到启示，为你们的发明创造找到好课题，并作出成绩来。

3. 需要发明法

有位学者说过：“需要乃发明之母。”由于需要而创造出来的发明真是俯拾即是。例如；需要节约时间，在饮食方面就出现了速食品；需要光亮，则发明了蜡烛、煤气灯、白炽灯、日光灯等；需要即时通达信息，则从出现了古老的烽火台到现代的电报、电话、移动电话、无线广播，等等。需要保藏食品，不仅发明了罐装食品，更有了电冰箱、电冰柜等。总之，需要能为你提出发明创造课题和目标；需要能激发你的聪明才智；也能催你千方百计去设计和制作等。有了发明目标。经过精心设计，再运用正确方法和技巧去制作，获得成功是必然的。

4. 联想发明法

联想就是由某种事物想起和它有关的事物。它是人类认识、研究和运用较早的一种心理活动。一些学者曾把古希腊科学家亚里士多德的联想观点发展为联想的三种方法,即在空间或时间上接近的联想形成接近的联想(如由铅笔想到橡皮擦,由水库想到水力发电机等);有相似特点的事物形成类似联想(如由带钩的草籽想到尼龙搭扣);有对立关系的事物形成对比联想(如由热想到冷,由高想到低,由海洋想到陆地)。例如,发泡技术的类似联想产生了一系列意想不到的新发明。最早发泡技术的运用,要属我国的馒头和西方的面包。以后则有发泡橡胶、发泡塑料等一系列产品。总之,我们每个人由小到大,经历过各式各样的事物。通过学习,知识也在不断丰富。这些都是创造发明的潜在宝藏,而开发和运用这些宝藏,联想正是一种行之有效的思维方法。

5. 变化发明法

变化的内容极为丰富,例如:材料、颜色、气味、形状、声音、体积、重量、用途,还有工艺、操作方法,等等,几乎是无穷无尽的。由于变化所带来的成果,优势和利益也是无穷无尽的。例如,当今的服装厂商,依靠自己企业的实力,在设计、宣传、推销,在市场上进行竞争。而竞争的焦点无非是在服装的面料、色彩、款式、性能等方面的变化上做文章。谁能在变化上顺应潮流,适应消费者的需求,谁就能争得市场谁就能胜利。总之,变化的思路和方法给各个企业带来效益,给家庭带来欢乐和愉快,也带来方便和享受。历史事实证明:变化发明法,为创造者提供了施展才华的广阔天地,也给社会增添了财富。

6. 扩用发明法

扩用发明法就是要发明者经常对一物件或产品提出,如果改变一下;或改造一下;或改装一下;或添加点什么是否还有别的用处?发明者经常向自己提出这类问题,无疑会使你产生巧妙的想法,会使你做出意想不到的发明来。例如,现如今受人们青睐的多用椅、多用沙发、多用剪刀、多用小车等都是扩用发明法的产物。再如,扩用发明法使永久磁铁从罗盘和指南针里解脱出来并在工业和民用器具得到广泛应用,而且这种应用范围还在不断扩大。掌握这种思维方法，将为发明者带来力量和成功。

7. 仿生发明法

远在 2400 多年前，模仿生物的发明方法就已经为人类创造了不朽的功绩。春秋战国时期的大工匠鲁班，有一次上山不慎滑倒并被草叶割破了手，经过观察，发现割破手的草叶边缘有细密的齿。经过琢磨终于模仿草叶的齿，发明了锯。随着科学技术的进步和生产的发展，孕育了很久的仿生学作为一门独立的科学在 1960 年产生。它研究生物系统的结构、功能，能量转换和信息过程，并将获得的知识用来改善现有的或创造崭新的机械、仪器、建筑结构和工艺过程。因此，生物模拟就成为现代发展新技术的一个重要途径。目前，人类在技术上所遇到的某些问题，可以借鉴生物界中早已在进化过程中得到解决的答案，来启发，模仿，解决各类技术难题。例如先进飞机的外型，雷达用超声波回声定位，导弹上应用的热定位器，乃至机器人的结构、功能等等不胜枚举，都模仿了生物包括人类本身在内的某些功能。但是，这些借鉴与应用，还仅是生物界可模仿技术总量的很小一部分。正确的运用仿生发明法，可使创造发明成果提高到一个光彩夺目的水平。

8. 逆求发明法

从事发明创造时，有时会遇到难题，绞尽脑汁也想不出好办法来，这时不妨从问题的相反方向，或倒过来去思考，即运用“逆向思维法”或许会使你顿开茅塞。逆向求解的思路和方法是一种新型的求异思维，是辩证思维，是思维开阔、思维灵活的表现，思维没有经过训练的人，用起来比较困难。总之，聪明的创造者会从多方面去思考问题，会充分运用逆向求解的方法，这种方法一旦解决问题，会使你享受到“柳暗花明又一村”的乐趣和成功的喜悦。

创新并不神秘，人人都可以创新，关键在于你要去想、去做、去大胆地干才行。创新的精神和方法固然很重要，但更重要还是行动。

但是我们也看到，职场中的许多人都有一种惰性，没有创新精神，压根儿没有去想创新的事。一切都按固定的模式去做，结果做来做去，平平庸庸，没有丝毫改变和进步。惰性、惯性最容易让思维的链条生锈，在惯有的思维定式之下，往往只有创新之名，却无创新之实。那么，你就要痛下决心，砸烂守旧之锁，用迸发的激情击破思想框框，叩响创新之门。门的背后，有清新的风吹过，有新鲜的空气洋溢，有智慧的风暴冲刷。此时此刻，你陡然发现，你被解放的思想，是插上翅膀的思想，你的世界已然开阔，生命的智慧之门洞开，在那走进创新之门的一瞬间，你已经获得了更坚强的信念、更澎湃的魄力和更丰富的智慧，你自己的成功也正在向你款款走来。

3. 立足本职岗位，大胆创新发明

我们的工作岗位就是我们创新的舞台，别以为我们既不是决策者，也不是精英，就与创新无缘。我们如果能立足自己的本职岗位，找准一个点，将最切合实际的、只是被平日忽略了的小小的技术改进或是小小的点子和发明，运用到我们的工作中，也许就能发挥巨大的作用。要坚信：创新不只是精英们的专利，我们也能创新！

这决不是痴人说梦，大量的事实早已证明了这一点。

“如果企业不创新，不能生产出让客户满意的高质量产品，这个企业就没有生路。”这是郑州纺织机械股份有限公司总经理汤其伟的信条。

1984年，汤其伟从天津纺院毕业分配到郑州纺织机械股份有限公司，他从纺机设计开发干起，历任设计室主任、郑纺机副厂长、总经理、党委副书记，凭着不断开拓创新的信念和魄力为企业长足发展做出了贡献，因而成为全国纺织行业的劳动模范。

汤其伟在创新的路上收获颇多：他参与研制的FAl42型单打手成卷机，获得中国纺织总会科技进步三等奖。1999年，他获得桑麻科技奖；他主持设计的FA224型梳棉机，获省科技进步二等奖；2002年、2004年，他被评为中纺集团十大杰出青年；2005年获得中国纺织工业协会科技进步三等奖。

在他的积极倡导下，企业建立了梳棉机总装线，月产量从 8 台迅速提高到 300 台。2005 年 3 月，受化纤市场萧条等因素影响，以化纤设备为主的郑纺机一度经营困难。此刻，汤其伟接任郑纺机总经理，他根据市场和企业情况，提出“化纤突围，棉纺增量，做强浆纱，多元发展，以诚为本，以德兴企”的经营策略。在他的努力开拓下，为洛阳实华合纤公司制造的年产 5 万吨涤纶短纤维设备打响了第一炮。随即，另一套年产 6 万吨涤纶短纤维生产线在江苏吴江投产运行；2006 年 7 月，3 条年产 5 万吨涤纶短纤维生产线在印度安家落户。就这样，汤其伟上任的当年，完成销售收入 16.99 亿元，实现利润 1935 万元。第二年公司再上台阶，完成销售收入 19.52 亿元，实现利润 2690 万元，各项经济指标均创历史新高。2007 年，企业各类产品齐头并进，新签和新增生效合同双超 14 亿元……汤其伟的技术创新和经营开拓成为企业宝贵的发展力量。

每个岗位都是创新的阵地，都是我们创新的舞台，都存在着很大的创新空间，有人看到了，有人看不到，关键看他是不是有心人，是不是有志之人，是不是有激情的人，是不是敢创新的人。

1987 年从宝钢技工学校走出来的王军，用 20 年的时间完成了从一名普通劳动者到工人专家的身份转变。2007 年度“国家科技进步奖二等奖”为他再次“认证”了人生的价值。

“用心就会带来创新，小岗位也有大舞台。”在王军的手中，已有 50 多项专利获得国家专利局的受理和授权。这位辅助工种岗位上的一线工人，也为宝钢创造了数额惊人的利益。仅仅他负责并获得此次国家科学技术奖的“高强度全密判热轧矫直机支承辊技术”项目，就打破了依赖进口或仿制外国产品的局面，通过技术转让先后在许多企业推广，三年创造直接经济效益 1.6 个亿。

一个人 1.6 个亿。王军用创新证明了一个新时代技能型、知识型工人的身价。

陈德风也是这样一位在普通的岗位上学习实践，不断进步，从门外汉成长为技能专家的创新型员工代表。2010 年 4 月 27 日，陈德风站在了庄严的北京人民大会堂，摘得了中国劳动者的最高荣誉——“全国劳动模范”光荣称号，因此也成为了南京供电公司历史上第一个国家级劳模，他也是“国家电网技能专家”、“电力电缆高级技师”、“劳模创新工作室带头人”。“电缆出问题，没有陈德风搞不定的。”这已在全市乃至全省电力电缆专业形成了共识。

1986 年，陈德风从部队退伍回到地方，被分配到当时的南京供电局，从事电线的安装工作。“那时候，整天就是和电线杆、电线打交道，刚上岗时还真有些怕。”陈德风说，第一天上班就要爬上 15 米高的电线杆，好不容易硬着头皮爬上去了，可这下来却费了很大的工夫。连最基本的爬杆都完成不好，缺乏专业知识的他该怎样成为一名合格的电力员工，陈德风有些彷徨。

一次偶然的机会，陈德风了解到自己在业务上非常敬佩的班长孙维路，原来也是从一名退伍军人努力成长为优秀的电力专家的。于是，陈德风暗下决心，一定要努力学习电力知识，认真向老师傅学习。

1995 年，随着电缆在城市应用的愈加广泛，电缆制作工艺要求也愈加提高。好学的陈德风被领导选中，代表公司参加了美国 G&W 公司组织的电缆操作培训班，并顺利取得了该公司颁发的操作资质证书。

有了这次学习的机会，陈德风又给自己定下了一个目标，一定要考到一张电缆高级工证。接下来的几年里，陈德风的业余时间都放在了学习上，先后参加了电缆高级工、技师等培训班。“当初我认为能成为电缆技师就到顶了，我自己都没有想到能成为一名高级技师。”

除了学习，陈德风更喜欢参加各类的技能大赛，高手之间的“过招”，能让他找到自身的不足。

经过多次大赛的磨练，如今的陈德风已成为省电力公司参加全国电缆专业技能比赛的主教练，并带领团队多次取得优异的成绩，从而也确立了全国范围内电力电缆专家的地位，成为国家电网公司授予的国网公司技能专家。

陈德风的劳模创新工作室可谓系统内都家喻户晓，很多城市遇到电缆安装上的难题时，都会慕名而来。为了用陈德风的创新精神和高超的技术带动一批人，公司为其成立了劳模创新工作室。运行几年来，为省、市内外单位、用户或生产厂家解决了近 18 项施工工艺难题。为用户查出并消除设备安装隐患 56 起，创造直接经济效益 600 多万元。

作为技术带头人，陈德风高度重视技术创新，在完成各项施工任务的同时，不断总结提高。

2009 年，陈德风接到 220 千伏莫双线电缆改造、莫愁变电站电缆改造等一批任务，电缆截面达到 800～2500 平方毫米。由于电缆较粗，铺设环境复杂，用现有的施工方式，无法满足工程施工要求。

陈德风立即成立了课题攻关小组，确立了 3 项课题。经过团队近 9 个月的努力，成功研发了电缆弯管敷设滑轮、电缆蛇形敷设打弯器、电缆专用固定夹具等器具，填补了江苏省 220 千伏大截面电缆施工工具的空白，为工程顺利完工奠定了坚实的基础。据初步测算，这 3 项课题在工程使用中共节约人工、机械费用 300 多万元，提高工效 3 倍，工程安全更是得到了保证，没有出现一起因电缆而造成的巨大损失。这 3 项研发项目已获得了国家专利，以及相关奖项。

爱问、爱想、爱钻研是陈德风的一大特点。现在，省里只要是难度大、安装复杂、工艺要求高的电缆工程，都会交给陈德风的团队来做。目前已为江阴、连云港、苏州、无锡等 10 多个兄弟单位提供技术支持和员工培训，解决了重大的技术难题，为多家企业节省开支 3000 多万元。

岗位,就是员工创新的舞台,像陈德风这样立足岗位大胆创新的员工大有人在,许振超、白国周、孔祥瑞……一个又一个岗位创新、岗位成才的典范,都在向我们昭示着创新的活力,创新的魅力。

在现代企业里,你越有创新能力,你就越有核心竞争力,你的观点和想法就越多,你的能力就越强,成功的可能性就越大。

做一个创新型员工,摆脱行业的条条框框,突破岗位的各种束缚,你会发现,具有创新意识和能力,成功是一件非常容易的事情。不要认为自己的工作普通,岗位平凡,创新就与我们无关。创新不管在哪里都可以进行,只要你在工作中有思想,有见地,有敢于创新的精神,不管在什么样的岗位,都能创新。只要我们把“岗位创新”作为改进工作,提升业绩的一个突破口,我们一样可以创新,一样可以创造辉煌。

4. 做好岗位工作,立志岗位成才

能把火箭送上天的是人才,能让屋顶不再漏的同样是人才。别以为岗位平凡就没有什么需要奋发进取,任何岗位都可以成才。朱义兵、李斌、邓建军、赵林源、徐斌……一个个光辉的名字后面,是他们勤奋学习、努力进取、不断拼搏的辛勤汗水。

全国劳动模范、新航集团豫北公司数控操作工朱义兵,就是一个爱企业、爱航空,立足本职、岗位成才的模范。

朱义兵是新乡航空工业(集团)有限公司豫北公司的一名数控操作工。他爱航空、爱企业,立足本职,岗位成才,在企业的发展中做出了突出贡献。2005 年荣获新乡市五一劳动奖章,2006 年荣获新乡市劳动模范、中航二集团十佳员工,2007 年荣获中航二集团总经理鼓励奖,特别是近几年来他在豫北公司自主创新、改革改善、设备自动化改造中冲锋在前,刻苦攻坚,敢于拼搏,创下了一个个佳绩,是集团上下公认的改善明星。2010 年 4 月被国务院授予“全国劳动模范”荣誉称号。4 月 27 日,他参加了在北京人民大会堂举行的全国劳动模范和先进工作者表彰大会。

他根据多年的操作经验和生产需要,业余时间研制出3K-1型“数控多功能自动同步分度机”,解决了生产上的卡脖子工序,大大减轻了工人的劳动强度,提高了产品质量,并在生产线上实现了一人多机和标准作业,该生产线由原来的12人操作减至为现在的只有3人操作,后来他又对该机器进行持续改进,不断完善,已开发出第三代产品,该产品获得中航二集团“科技创新奖”。

他设计制造出具有自主知识产权的“豫北之星”程控式转向轴自动钻孔专机,变手动加工为自动加工,变多工序加工为单工序加工,班产由原来的150件上升到600多件,提高生产效率4倍以上。

2007年底,豫北公司成立RPG(全球)项目组,组建国内一流的生产线,开发国外产品。朱义兵被临时抽调到该项目组负责自制专用设备和生产线改善工作。他认真调研,改革创新,设计制造出专用设备10余台,其中“汽车动力转向器阀组件磨合机”和“转向轴去毛刺专机”新颖别致、可靠稳定,具有自主知识产权。

在项目组工作期间,他还负责普通设备的自动化改造工作。独立完成设备自动化改造6台,参与完成8台;一项项创新,一个个改革,无不彰显着这位创新能手的智慧。每一个项目的研制成功,都为企业节省了巨额资金并创造了巨大的经济效益。他研制的“数控多功能自动同步分度机”被誉为“机器人”,被该集团视为改革创新的典范。在没有这台机器之前,该公司某零件铣12齿工序是用普通铣床加工(市场上没有专用设备),工人一边摇铣床的进、退刀手柄进、退刀,一边还要转动分度头进行分度,一个零件要分度12次,每次要摇进、退刀手柄10多转,按班产200件零件计算,工人每班就要转动分度头2400转,摇进、退刀手柄24000多转,还不包括装卸零件的动作,劳动强度之大可想而知。但有了这台机器之后,该零件实现了全自动加工,工人由原来只能操作 1 台设备，变为现在同时可操作多台设备，解决了公司生产中的一大难题。

从一个中专毕业生，一个普通的车间工人，成长为岗位技术能手、液压技术专家和全国劳动模范，李斌为我们完美地诠释了岗位成才的丰富内涵。

李斌的履历并不复杂。初中毕业后李斌在上海电气集团液压泵厂技工学校学习，此后至今，分别在上海液压泵厂二车间、斜轴车间任工人、工段长。再看看他的荣誉：10 年来，李斌几乎荣获了国家和上海市所有的最高荣誉称号：1992 年被评为“上海市劳动模范”；1994 年被评为“机械工业部劳动模范”；1995 年被评为“上海首届十大工人发明家”；1996 年荣获全国五一劳动奖章和“全国杰出青年岗位能手”称号；1997 年荣获“中国青年五四奖章”和“全国十大杰出青年”称号。

一个初中毕业生是怎样成为一名具有工程师和高级技师职称的专家型工人的呢？种种荣誉的背后，是李斌爱岗敬业、不断进取、立志成才的奋斗经历和一个个感人肺腑的故事。

李斌认为，爱岗敬业绝不是传统意义上的按部就班，也不是简单的勤勤恳恳，更不是死板的依葫芦画瓢。“让我试一试”，这句并不精深的口头禅，是李斌爱岗敬业精神的真实写照。

1980 年，刚从技校毕业到液压泵厂当学徒工的李斌，看到一位工人师傅正在铣床上以较低的转速加工高精度的零件，李斌突然对这位师傅说：“让我试一试，把加工转速提高一档，是不是也可以保证加工的精度。”恰巧这位师傅要出去开会，李斌代他操作只用慢速加工了一个零件，加工第二个零件时就提高了一档转速，居然加工出了完全符合精度要求的零件。第一次“让我试一试”使李斌获益匪浅。

1986 年 8 月，李斌远赴瑞士学习培训。一天快下班的时候，有一批复杂零件必须立即加工，而外国技术人员都不在，机床编程调试无法进行，急得车间负责人犹如热锅上的蚂蚁一般。这时李斌从人群中走了出来，他以自信的语调说：“让我试一试。”在疑惑的目光下，李斌从容地拿过图纸，一番计算，一阵书写，不一会儿就把工艺编制出来了，接着制订数控程序，随后准备刀具，按动电钮，输入程序，4 大技术要素一气呵成。随着一阵轰隆隆的机器声，零件加工开始了。当车间负责人拿到经过测试合格的零件时，满脸兴奋，对李斌的高超技术深表敬佩。“让我试一试”使李斌成为这家瑞士公司的第一个中国工人调试员。

就这样，一次又一次的“让我试一试”让李斌走向一个新境界，为企业带来了巨大的经济效益。近年来，李斌通过技术革新和技术攻关为企业提高生产效率 8 倍以上，直接创造经济效益近 2000 万元。他设计制造了 196 把数控机床的各种系列刀具，节约外汇 22 万美金；制造改进了 105 付各种工装夹具，节约工装制造费 115 万元。

李斌不但自己取得了卓越的成就，在他的技术指导和精神引领下，“李斌班组”成长为一个优秀的团队，李斌也实现了从“个人创佳绩”到“群体争一流”的跨越。班组里陈峥嵘、王祺伟等业务骨干先后荣获市劳动模范、市新长征突击手等光荣称号，小组也获得了市红旗班组、上海市模范集体、全国先进班组、全国五一劳动奖状等荣誉称号。李斌和“李斌班组”直接参与开发 20 余项新产品开发项目，使企业累计增加销售上千万元。

“李斌班组”里的同事遇到技术难题就去请教李斌，李斌每次都是有问必答。而且还结合实际自编教材，向班组成员讲授基础理论，开展技术培训，探讨实际操作，带领大家共同进步。

“从一开始对数控机床一知半解到如今能够熟练操作，我们的每一次进步都离不开李师傅的帮助。”这是大家的共识。

2002 年“五一”前夕，全国第一个以普通工人名字命名的“李斌学校”宣告成立；2003 年 8 月，“李斌学校”又升格为“上海电气李斌技师学院”。

以传奇般的经历和超一流的技术书写了震惊世界的东方传奇邓建军，更是一个岗位成才的模范。他立志岗位成才，干一行、爱一行、钻一行、精一行，走出一条以“学习增加能力、以创新创造业绩、以奉献体现价值”的成才之路。17年来，他屡破世界难题，参与技改项目400余个，解决重大技术难题23个，独立完成145个，做出了令人惊叹的伟大成绩。

邓建军，36岁，外貌普通，朴实无华，是江苏常州黑牡丹（集团）股份有限公司一名电气技术工人。17年前，他从常州市轻工业学校毕业来到这个厂时，纺织企业正在告别传统的金梭银梭，进入运用高新技术的时代。

邓建军至今还记得，公司第一次引进国外纺纱设备，就遇到问题，他向外方调试人员索要操作手册，客气的语言换来的却是对方满怀戒备的拒绝。“当时我心里感到特别难过，我想，一个国家落后就要挨打，一名工人技术水平落后同样没人瞧得起。所以，我暗下决心，为中国争口气，超过外国人”。

从此，邓建军订下学习计划，就像海绵吸水一样对新知识、新技术不断汲取。只要没有特殊任务，他每晚必看一个半小时的技术书籍和有关资料，常常是捧着书本进入梦乡。他的妻子姚群说：“半夜醒来，常常看到他捧着书本进入梦乡，头就摆在未合上的书里面。”为弥补自身知识结构的不足，他参加自学考试，专攻计算机应用技术，攻下大专学历以后，又去攻读本科。一次，他在表哥家看到一本《多层印制板设计程序应用手册》，便爱不释手。在复印技术还不普及的当年，他和两位同事利用业余时间用手工突击抄写，用了整整两个星期，才把一本300多页的专业技术书全部抄完。几年下来，他读了200多册专业书籍，并利用业余时间到上海、南京等地拜师学习和考察，了解跟踪国际纺织技术中的最新动态。

在后来的技术攻关中，邓建军一次次让老外们见识了他超凡的“中国功夫”。1997年，公司进口的德国气流纺纱机的中枢系统——变频器烧坏了，急需更换。这种变频器价格高达9万元，德方在中国没有现货供应，订货周期长达两个多月。时间不等人，邓建军找到公司领导主动请缨，揽下了这难啃的“骨头”。一个变频器有很多相关的技术参数，邓建军和他的同事们一头扎了进去，一个点一个点地测试、分析、测算，眼熬红了，手干酸了，人也消瘦了，经过近三天的时间，邓建军决定向“洋设备”开刀，采用类似的国产变频器替代，完成了上百个技术参数的修改后，机器终于恢复了正常运转。消息传到德国公司总部，对方全然不信，认为这是“不可能的事情”，他们自己还没有这样的先例，于是派人专程飞来常州黑牡丹考察，亲眼目睹后，严谨的德国专家不禁竖起了大拇指：“中国工人了不起！”还有一次，日本某国际著名公司代表到黑牡丹洽谈业务，忽然发现了“新大陆”。从该公司进口的络筒机，在邓建军及其同伴的维护保养下，工作了6年，居然运行状况十分理想。而按设计，这种设备只有5年的使用期。为了表达敬意，他们向公司赠送了价值2万元的络筒机零部件，一位日本人风趣地形容：我们见识到了“中国功夫”。

1993年，在世界纺织业中，牛仔布纱线染色始终被一个难题所困扰。机器染完一缸布后的停车过程中，因为温度、湿度等环境条件的变化，总要产生将近300米染色不均的废布，给企业造成极大浪费，影响生产进度和产量。

看着每次停车造成的损失，邓建军心疼极了，也感到了一个技工的压力和责任感。他说：“对于我一个搞电气的来说，我觉得我有责任，也应该有水平解决这个难题。”经过再三论证，他提出了改直流调速为变频调速的大胆设想。

当时，要破解这一难题并不是一件简单的事情，光是方案的设计，邓建军就用了足足两个月，因为只要一个信号的设计不到位，就会前功尽弃。

最难的还是改造完毕进行试车。因为没有可供借鉴的经验，也没有成功改造的先例，大家都为邓建军捏了把汗。开车以后，只听“嘣”的一声，新装上的主要器件变频器炸裂了。再换一个，又是“嘣”的一声。

接二连三的爆炸声，把邓建军炸蒙了：“一个变频器就是四五千块钱，第一天就炸了两个，后来又炸了5个……”

邓建军没有退缩,天天泡在试车现场,反反复复查找原因。

经过细致的排查和分析,邓建军确信自己没有错,可能是买来的变频器存在问题。果然,厂方专家上门检验后承认,由于没有按照邓建军的要求进行技术改造,变频器存在质量问题。

换上合格的变频器后,试车终于成功了!邓建军绷了好几个月的脸上,也第一次露出了笑容。他和他的伙伴们先后对染浆联合机进行了4次改造,在国内率先解决了连续生产不用停车这一世界性纺织难题,为企业创造经济效益3000多万元。专家论证认为,改造后的设备操作程序更为优化,功能先进性部分超过同类进口设备。从此以后,邓建军的创新意识一发不可收拾,当今世界纺织行业公认的可用于色织行业的18项最新技术,黑牡丹公司已成功运用15项。

不仅仅这些,邓建军还创造了许多奇迹般的成绩:

邓建军在世界纺织行业中率先破解了连续生产不停车的牛仔布纱线染色难题;

邓建军挑战世界级难题——预缩稳定率,也令世界同行刮目相看;

邓建军高超的维护设备能力,让日本客商见识到了"中国功夫"。

现在,邓建军已经成为名副其实的专家,也一次又一次地获得了各种荣誉。他三次受到中共中央总书记胡锦涛接见、四次登上天安门城楼;他先后获得江苏省新长征突击手、江苏省劳动模范到全国五一劳动奖章、全国青年岗位能手、全国技术能手、新世纪全国首批"能工巧匠"、全国职工职业道德建设十佳标兵、全国劳动模范等光荣称号。他开拓创新的精神,岗位成才的事迹,感动和激励着当代中国工人,

不论多么平凡的岗位,只要你努力去做,用心思考,勤奋学习,挥洒智慧,带着思想去工作,都可以做出可观的成绩,都可以大有作为。像这样立足岗位,学习成才的模范大有人在。

普通工人赵林源就是靠自学岗位成才的典范。50多岁的

中石油抚顺石化公司工建三公司机械密封班班长赵林源,30多年在生产一线边学习边钻研,掌握了先进的机械密封技术,为企业解决了大量设备技术难题,自己也从一名只有初中文化的普通工人,成长为中石油系统“专家型工人”、“机械密封大王”,被中国石油天然气集团公司授予“工人技能专家”称号,并荣获全国五一劳动奖章。

赵林源1972年进入抚顺石油三厂当钳工。他特别爱钻研技术,在老师傅的指点下,埋头苦练基本功,铲、锉、刮、研,一丝不苟;铁锤砸肿了手,他一声不吭;一般人要3年才能出徒,他只用一年就独立顶岗,还在抚顺市首届钳工技术比武中夺得冠军。1983年,他被调到技术含量很高的密封班工作。从此,他更是不满足于仅仅当个能换机件的维修工,对他来说,怎么换件,为何换件,怎样才能换得更好、更合理,都是职责所在。

“我可以没文凭,但不能没技术;咱当不了科学家,但可以做个行家里手。”这是赵林源经常说的一句话。

1991年,赵林源作为技术骨干调到抚顺石化公司乙烯厂支援开工建设。在设备调试阶段,聚乙烯车间一台从美国进口的、当时世界最先进的高速泵进了杂质发生泄漏,致使整个装置停产。当时在场的美国专家执意要返运美国修理,半年后才能运回。赵林源主动请缨:“让我来试试!”美国专家一脸不屑。当时美国对我们实行技术封锁,设备进来了,却没有部件图纸,也没有技术参数,修理这种先进的机泵谈何容易。赵林源与工友们全力攻关,研究方案,一点一点地进行实物测绘,设计出精确的图纸,然后赵林源动手加工了一套密封件。几天后,新密封件被安装到机泵上,一次试泵成功。赵林源名声大振,成为抚顺石化系统降伏“洋设备”的第一位密封工人。

“时代发展了,知识要更新,岁数大不能成为不学习的借口。”1999年,赵林源把别人淘汰的一台“486”电脑搬回密封班,又自己花钱配备了相应的硬件和软件,从此就与电脑结了缘。对电脑一窍不通的他,虚心地向精通电脑知识的徒弟请教,半年多的勤学苦练，赵林源熟练地掌握了计算机制图技术，他用相关软件制作的密封配件图纸十分精美，按照1∶1设计的三维密封件立体图像可以在计算机上进行分解和组装，按照他设计的图纸加工制作的配件，实际安装时竟然分毫不差。利用这台电脑，他在密封班实现了数字化管理，他把班组各项工作记录及图纸全部输入计算机，形成一个数据库，打开他的计算机，可以调出全厂密封件的图纸、历史档案，短短4年中，他测绘和设计图纸1500张，在计算机上写工作记录35万字。他还在计算机上建立了设备密封故障数据库，只要点击某一设备密封，马上可以调出这种密封历史故障记录和故障原因分析。

一次次的技术攻关，一次次的超越自我，赵林源"密封大王"的称呼不胫而走。一些民营企业相中了他的技术，许以高薪和大房子，都被他谢绝了。他说："我是企业培养起来的，我要用自己的一技之长回报企业。"他先后收下10多名徒弟，还利用业余时间为全厂员工举办机械密封实用技术和维修培训班，自己动手制作计算机演示文稿和讲义，为员工讲解密封技术。近几年，赵林源运用现代先进管理技术进行技术攻关，先后对全厂75套进口和国产设备密封进行了改造，在保证质量的情况下，使用价格相对较低的国产配件，10年为企业节约1500多万元，同时，使企业机械密封件更换率连年下降，平均每年减少80套密封的更换量，累计为企业节资500万元。

可见，任何一个岗位都可以成才。岗位成才，就是鼓励所有员工，根据本岗位的工作特点，走成才之路，为企业兴旺发达进行创造性的劳动，作出最大的贡献。岗位成才主要依靠个人结合实际工作刻苦钻研，勤奋学习，立足岗位，创新发明来实现。

企业和社会一样，是一部庞大的机器，每一个岗位都是这部大机器的一个零件而已，作为零件的每个工作岗位应紧密相连，组成一个有机的整体。作为千千万万个零件中的一个，每一个岗位的员工首先是保证零件的正常运转，然后千方百计地让零件提高效益，让自己的潜能充分发挥出来，立足岗位，大胆创新，做出成绩，就是岗位成才。

5. 关注企业发展,积极献计献策

企业是一艘巨大的船,所有的员工都在这条船上。船要乘风破浪,要避开暗礁急流,要急速前进,必须全体船员共同努力,齐心协力为企业的发展和壮大奉献力量。为企业献计献策的活动,就是激发广大员工的主人翁意识,让员工以企业主人翁的姿态,踊跃参与,为企业发展献计献策,从而树立"厂兴我荣、厂衰我耻"的以厂为家观念,为企业的持续健康和谐发展出一份智慧和力量的活动。这项活动不仅可以极大地激发广大员工高度的主人翁意识和责任感,让广大员工以极大的热情投入到企业的建设中去,对于促进广大员工岗位创新和岗位成才同样有着积极的意义。

25 岁的徐斌是浙江朗迪集团股份有限公司一名工段长,他发现公司采用的传统模具注塑工艺平均每件产品要产生 0.13 公斤废料,且影响产品质量。在企业合理化建议活动中,他提出了改革传统工艺的"金点子",结果一举成功。新的模具工艺,不再产生废料,将每台班产从 1200 件提高到 1400 件,合格率提高了 3%,年产生经济效益 269.8 万元。徐斌也从一名普通的工人成长为企业的技术骨干。

这只不过是全国亿万员工技术创新和献计献策活动中的沧海一粟,在全国推行的合理化建议活动中,员工提出的合理化建议数以亿计,产生的效益更是以亿万计。仅 2009 年上半年,上海黄浦区企业发动员工开展以"与企业同舟共济,为发展献计出力"的合理化建议活动,近 10 万名员工提出合理化建议 8466 条,被企业采纳 1139 条,产生经济效益逾 1.53 亿元。平均每个金点子的含"金"量达 10 万元以上。为企业献计献策活动已经深入到企业基层,在亿万员工中推行开来。

所谓"献计献策"就是出主意、想办法,提出合理化建议。献计献策是企业革新挖潜、降低成本、提高生产率、增加企业经济效益的重要途径。现代的企业,都建立了"献计献策"制度,目的是希望员工多提出好的建议。比如在 IBM 公司,只要提出好的建议就付给报酬,即使你的建议微如芥豆,也能受到奖励。

上海豫园旅游商城股份有限公司下属的食品厂员工仇成华根据公司的实际，就节约能源提出的《降本增效煤改电》“金点子”被企业采纳后，生产燃料成本下降52%。目前，该电热炉已投入使用，一年可节省费用8万元，这个金点子还被黄浦区总工会等授予区“十佳”金点子荣誉。6个月来，该公司2358名员工参加了献“金点子”活动，参与率达70%，收到合理化建议1506条，被公司行政采纳258条，取得经济效益105万余元。

几乎所有的成功企业都把合理化建议活动的开展和企业的兴衰连在一起。一个企业要兴旺发达，单靠自上而下的指导是不够的，必须要与自下而上的建议相结合。一个优秀员工应当积极地向企业提合理化建议，适时地提出一些大胆的建议，可以让你的地位在领导心目中水涨船高。可以说，给企业献计献策、提出合理化建议是每个员工职责的一部分。

“点子”是一种在没有说破时令人难以想出的好主意，在不点破之前就是冥思苦想也想不出来，一旦道破又觉得非常简单的一个好创意。在很多情况下，小点子积少成多，能给公司运营带来质的飞跃。

有两个管理学家在考察一家美国纺织品企业设在丹麦的工厂时发现，虽然这家工厂使用的纺织机械和全球其他地方没什么两样，但其工作效率却是其他公司的三到四倍，而且同样的机器还能生产不同的布料，就连这些纺织机械的供货商也感到不可思议。奇迹是如何诞生的？说起来也很简单，无非是在机器的某个部位安装一个阀门，或者随时改变机器运作的压力，再在运送原料的流程中下点工夫，相同的机器就产生出了非同寻常的效益。

显然，是员工想到了这些点子，并发挥聪明才智做到的。对公司、对老板主动提出合理化建议是一个员工应有的责任。但有些员工为了避免出差错而保持沉默，他们不是想不到好主意、好建议。而是觉得事不关己，不愿张口动手罢了。这样的工作态度，不仅埋没了自己的才能，失去争上游的机会，也使公司错失了可能的“美玉”，多可惜！所以一个想有所作为员工一定要积极思考、多想多动脑，改进工作、为企业献计献策。

20世纪70年代的某年，日本的蛋糕生产呈现饱和状态，明治糖果公司虽采用登报、上电视、印制推销单等手段进行广告宣传,但收效甚微。眼看圣诞节将至,公司蛋糕滞销的僵局还未打破,老板忧心如焚。

这时,有位员工提出建议:在公司每天清晨配送的鲜牛奶瓶上挂一张精美的小卡片,卡片印上公司圣诞蛋糕的广告,背面则是蛋糕的订货单。凡需要,只需在订单上签个名,第二天公司回收空奶瓶时,便顺便将订货单带走。

公司老板高兴地采纳了这一建议,很快推出了别致的广告卡片。果然,这种广告立竿见影,短短几天,公司便获得3000多盒圣诞蛋糕的订货单。公司老板重奖了那位提出此项聪明建议的员工,并笑着问他:"你是怎么想到这个点子的?"

那位员工答道:"登报、上电视、发传单的做法,并不是人人都有时间去关心和注意,尤其是在广告大战的今天,一些人对广告已经感到腻烦和厌恶,传统的广告方式自然收效不大了。现在利用客户使用牛奶瓶的机会,因势利导,见缝插针地做广告,既不浪费处于快节奏生活状态的主人时间,又方便了他们订货的手续,成功当在意料之中。"

一个优秀员工应该主动提建议,为不断提升公司的经营管理多出"金点子",为企业寻求良性和快速发展尽自己的一份力。只要自认为对公司有帮助的建议,就要大胆提出来。即使自己的提案被否决了,也不必因此而耿耿于怀,这才是得到老板信赖的好办法。老板会认为,你是个能提出好建议的员工,而且认为,你是个不论成败都能保持心情舒畅的乐天派,这样,以后你还有许多提出建议的机会。

一个处处为公司着想的员工,会站在公司的立场上,以为公司创造利益为出发点,给公司多出点子,提出各种好的建议和意见。为公司提好的建议,出好的点子,能给公司带来巨大的效益,同时也能给自己创造更多的发展机会让自己更容易有所作为。

6. 小创造小发明一样可以做出大业绩

很多员工都在心中有一种固执的观念，认为技术创新是指高新技术、尖端技术，在自己这样的普通岗位上根本不可能创新，也根本创不了什么新，因为条件简陋薄弱，而且工作简单，面对创新不敢为。有些企业也有不屑于小产品的创新开发，不注重企业内部工人的小改小革，认为小产品本小、利小、影响小、收益少，难有大作为，小改革成不了大气候的观念。这其实都是一种偏见，创新不论大小，小发明、小创造、甚至小改革、小革新，对于企业、对于工作、对于岗位而言，都是有利的。创新存在于每一个细节之中，小发明、小创造、小改革同样也是创新。而且，有时候小改革所起的作用也并不比"大家伙"逊色多少。目光长远的企业很早就发现了员工创新能力的巨大潜能，很早就利用员工的发明创造为企业增加效益。

日本丰田公司以不断创新闻名于世。丰田公司原以研制纺织机械为主，1929 年正值世界纺织业兴旺之时，毅然转向汽车工业，比美国的福特公司晚半个世纪，也比日本第一部轿车"ARROW"晚了 20 年。但丰田以其不断出新的技术和产品，最终成为日本汽车工业的老大，坐上了今天世界汽车工业第三把交椅。

在丰田公司，创新有着旺盛的生命力。早在 1951 年，丰田公司就开始推行了"动脑筋、提方案"制度，以每项方案 500 日元到 20 万日元不等的奖金鼓励，动员每个员工提革新方案，截至 1998 年共提出 70 万条方案，平均每个员工 10 个方案，而且 90%以上被采纳了。这些方案中，绝大部分是一线工人提出，经专业人员不断改进和完善而形成的，而且有些方案具有很高的实用价值和经济价值。

小发明常常会解决大问题，特别是一线工人，由于处于生产的最前沿，因而他们的创新和发明更多的是着眼于实际，着力解决生产和生活中的问题而进行的，所以这些小发明小创新往往能解决生产和生活中的大问题，为企业带来大效益，也为员工带来了人生的辉煌。

从一个码头工人的小改小革,到一场改变人们运输方式的伟大革命;从单枪匹马搞发明,到带领和培养出越来越多的创新人才;从仅有初中文凭的码头装卸工,到在科技发明创新方面获奖无数的国家级专家、教授级高工……30多年的创新之路,记录了一名普通工人通过创新改变人生的轨迹。他,就是工人发明家包起帆。

有人说,发明、创新是科学家、工程师们的事,与普通人无关;有人说,作为一个普通工作岗位上的"螺丝钉",创新离自己太遥远了;有人说,兢兢业业地按规律办事就是爱岗敬业,总想打破常规,出奇制胜,风险太大;还有人说,中国工人的创新能力与发达国家相比本来就有很大差距,创新谈何容易。

包起帆用他30多年的创新探索,将一个个"不可能"化为现实。

包起帆1968年参加工作,1978年因工伤被调到上海南浦港务公司机修车间工作,专门负责修理码头上的起重机。而这个与众不同的机修工却在平凡的岗位上播下了创新的种子。

当时,码头上木材装卸是项危险的工作,全靠工人下舱,用钢丝绳捆扎后,再用吊机起吊,这种粗放的作业方式,险象环生,事故不断。

为了从根本上改善工人的工作条件,经过近3年的艰难攻关,包起帆终于研究出一套完整的"木材抓斗装卸工艺系统"。

"1981年10月,中国港口史上第一只用来卸大船的木材抓斗诞生了。包起帆发明的'双索门机抓斗',用两根起重索使抓斗顺利地打开和闭合,抓原木似老鹰抓小鸡,'轻轻一抓就起来'。人木分离的目标实现了!木材装卸工的安全有保障了。"一篇报道包起帆事迹的通讯这样描写道。

包起帆也因此成为闻名遐迩的"抓斗大王"。"抓斗大王"的科技成果还实现了产业化,不仅在国内20多个行业1000多个企业得到广泛推广应用,还批量出口到20多个国家和地区,累计为国家创造4亿多元的经济效益。1981年包起帆首次当选上海市劳动模范，此后连续四届当选全国劳动模范。

1996 年，上级部门调包起帆到上海龙吴港务公司当经理，而他的创新之路又开拓到新的领域。

由于客观原因，龙吴码头无法做外贸集装箱业务，为提高码头的经济效益，包起帆另辟新路，改做内贸集装箱。包起帆先后 4 次到北京寻求交通部和相关单位的支持，8 次到南方去寻求船公司、货主和码头的合作。费尽九牛二虎之力，终于在 1996 年 12 月 15 日开辟了中国水运史上第一条内贸标准集装箱航线。

2001 年，组织上又调包起帆到上海港务局担任分管技术的副局长。2003 年改制后，他又担任上海国际港务集团公司副总裁。

包起帆没有因职务的提升而放弃创新，相反，他的创新舞台更大了，天地更宽阔了。除了技术创新以外，他开始向产业创新和管理创新迈进。

走上领导岗位后，包起帆的任务不再是单枪匹马搞革新，而是要带领广大员工一起来创新、发明，培养新时代的产业工人。

随着包起帆创新团队的不断壮大，他们所取得的成绩开始让世界为之惊叹。

2006 年 5 月 10 日，法国巴黎列宾国际发明展览会举行隆重的颁奖仪式。中国的“抓斗大王”包起帆在世界各地的发明家钦佩目光和热烈掌声中，一次又一次走上领奖台，连续从颁奖者手中接过 4 枚金质奖章。

巴黎列宾国际发明展览会是全球发明界最权威的三大展会之一。展品由国际权威人士组成的评选委员会评选，历来以严格著称。包起帆一人获得了 4 枚金奖，成为 105 年来在这一展会上单次获得金奖最多的发明家。

评委会主席在参观了包起帆团队的发明——“集装箱电子标签系统”后赞叹道：“这将是一场改变人们运输方式的革命！”

30 多年来，包起帆与同事们共同完成了 130 多项技术创新项目，其中 3 项获得国家发明奖，3 项获得国家科技进步奖，18

项获得省部级科技进步奖,30 项获得日内瓦、巴黎、匹兹堡、布鲁塞尔、北京等国际发明展览会金奖。包起帆在创新的道路上从未止步。

正如包起帆所说,创新并不遥远,创新就在脚下,创新属于那些热爱工作、充满工作热情的人。

中国工人是有创新能力和智慧的,尤其是年青一代更应该从包起帆的人生轨迹中得到启示,用创造性劳动改变自己的人生,为祖国作出自己的贡献。

2009 年 9 月 10 日,在中央宣传部、中央组织部、中央统战部、中央文献研究室、中央党史研究室、民政部、人力资源社会保障部、全国总工会、共青团中央、全国妇联、解放军总政治部等 11 个部门联合组织的“100 位为新中国成立作出突出贡献的英雄模范人物和 100 位新中国成立以来感动中国人物”评选活动中,包起帆被评为“100 位新中国成立以来感动中国人物”。

任何一个敢于思考、勤于思考、善于思考的员工,都可以创新,并且这种创新都是最具有实用性的、最能解决问题的创新和发明。上海宝钢一位普通的修理工人就是立足自己的岗位,着眼解决实际问题,大胆发明创新的员工典范。

孔利明,人称“孔发明”,1951 年出生,17 岁下乡,1984 年回城到宝钢运输部当工人,现为宝钢运输部电气高级技师,是上海市拥有职务发明专利最多的人。一个只有初中文化水平的普通的汽车电气修理工,在宝钢这个现代化的钢铁企业里,却演绎了一个又一个令人惊叹的发明故事,成为成果丰硕、贡献卓著的“全国十大杰出职工”、劳动模范、发明大王。这就是立足岗位、勤于思考的结果。

宝山钢铁总厂是我国改革开放初期兴建的大型钢铁联合企业,引进了当时国际上最先进的技术和设备,包括承担生产运输任务的大部分重型车辆,都是从日本、美国引进的。

孔利明那时刚进厂不久,在运输部当汽车电气修理工。工作中他发现,进口汽车的部分易耗件用量很大,而国外备品又价格高昂,如进口蓄电池的使用寿命只是国产品的2倍,但价钱却是6倍。这让孔利明心痛不已,于是向厂里建议使用国产配件。可驻厂的日本专家却一口咬定:中国蓄电池无法在进口车上使用,必须从日本进口。孔利明想跟专家问个究竟,但日本人根本不理他,分派他去干些杂活了事。孔利明咽不下这口气,利用业余时间悄悄地琢磨,做了大量实验,终于探索出进口车辆与国产蓄电池搭接使用的可行方案。孔利明的方案推广以后,效果非常明显,当年就为宝钢节省外汇15万美元。

现在回想起来,孔利明说:"那时候我们的技术和装备水平比较落后,对洋专家的结论有种迷信。其实任何技术和设备都存在改进的余地,进口设备也并不是高不可攀,这项改造技术难度并不大,却让我从此树立了信心。"正是这种不盲从、不迷信的探索勇气,使孔利明克服一个又一个生产技术难题。

1998年9月的一天,宝钢从美国引进的装载机启动电机的"头壳"突然断裂,随即掉进了发动机腔内。发动机上方只有一个手臂粗的洞口,有1米多深,"头壳"掉在什么地方既看不见,又摸不着,用磁铁也不行,因为发动机里面全是铁的。装载机马上熄火,"瘫痪"了。如果等美国专家来维修,每天停产损失就在30万元以上。就在大家束手无策之机,孔利明说了句"给我一晚上的时间",揽下了拯救"洋机"的活儿。

回到家里,孔利明把自己关在"实验室"里苦思冥想,想不出一个有效的办法。迷迷糊糊天已发亮,由于劳累,他那胃溃疡老毛病又发作了,但是这胃痛的感觉却让他一下子计上心来:他想,寻找洞内异物得先探方位,犹如胃镜检查胃底的溃疡,那种不开刀的手术就是由内窥镜定位,再伸进手术刀进行操作,而现在机器的情形岂不雷同?他立即振作起来,打开"百宝箱",找出平时悉心收集的电视摄像头、红外光源,利用胃窥镜原理,做了个简易的探视头。第二天,用孔利明的土办法,没拆一个螺丝钉,就顺利把断裂物从发动机中取出,装载机顷刻之间恢复了工作。

"人生好比金字塔,底座越厚实,顶点就垒得越高。"只有初中文化的孔利明时时提醒自己,要努力学习,对新知识、新技术的追求永无止境。随着创新攻关领域的拓展,孔利明也在不断地更新自己的知识。上世纪80年代,孔利明家里和其他宝钢职工家里一样,陈设俭朴,可有两处却近乎“奢侈”,这就是他家的报箱和家庭实验室。孔利明每年都要花费600多元钱订阅各种技术报刊、杂志,如《电子技术》、《汽车知识》、《无线电》,随着他的知识结构不断更新,又增加了《电脑天地》、《软件报》、《法律知识》……以跟踪最新的技术信息,垒实自己的“知识底座”。他30岁学英语、40岁学打字、50岁学电脑,硬是从一个只有初中文化水平的汽车电气修理工,成为宝钢运输部解决现场工作难题的“总指挥”,他每年总会搞出许多让人拍案叫绝的专利发明。

为了从问题中“觅宝”,孔利明家的书房变成了工作室,大大小小柜子如“百宝箱”,里面线路板、雷达、试剂等应有尽有。“孔发明”自己掏钱添置的精密仪器比家具还值钱,单价都在万元以上。身处这座“宝山”的孔利明,以一双随时捕捉问题的眼睛、一副穷追不舍的脑筋,把一个个问号最终变成惊叹号。

“孔发明”是个碰到问题就兴奋的人,据不完全统计,这些年来,孔利明累计为宝钢解决了各类设备的疑难杂症350余个,创造经济效益1500余万元;他发明的“废钢装卸防坠增效”和“启动点磁铁强最大值提示器”、“温控起重电磁铁”等多项技术,使宝钢港机作业安全率达到100%,效率提高了30%以上。孔利明研制的我国第一台“高温物性熔面自动定位仪”,实现了对高温熔面的自动定位,工作精度比原来提高了60倍。这项新颖的设计不但能应用于测试分析技术,还能广泛应用在化工、冶炼等高温熔面监测定位控制技术领域。另外,他还完成与日常生活有关的创新发明400多个。

从1996年到1999年,在不到三年的时间里,他平均每月就有一项专利获受理,到目前,他的专利申请书约有70份,达30万字之多。自1996年起,孔利明连续多年摘取中国专利新技术博览会金奖。其中,荣获1997年第六届中国专利新技术博览会金奖的“汽车电路短路监测定位仪”，是孔利明的心血结晶。

孔利明坚信，“人人是创造之人，时时是创造之时，处处是创造之地”。在他的影响下，许多个创新团队在宝钢活跃起来了，孔利明也带了不少徒弟。开始时，徒弟都觉得搞发明太神秘了，而工人搞创新，难！徒弟们问：“您那么多灵感是从哪里来的？”“想，多想，千虑一得嘛。”孔利明经常用讲故事的方式启发诱导徒弟，让他们明白，发明创新就在身边。他常说：“发明创新就在身边，只有善于发现，才能不断创新”。

在孔利明的言传身教下，宝钢运输部科技创新小组像滚雪球一样越滚越大，发展到100多名骨干成员。许多工人成了发现问题的专家，甚至成为解决问题的专家，运输部1/10的工人因此成了专利发明人，至今已拥有100余项专利、286项技术改进，创造的经济效益超过5000万元。同时，孔利明还面向全国收了100多名徒弟，他们经常通过网络、电话交流创新发明的心得体会，有的徒弟也带起了徒弟。

员工创新的力量是巨大的，国家和企业都已深深地意识到了这一点。当前我国正在大力建设创新型国家、创新型社会，企业和员工的创新热情都很高，特别是在全国员工中广泛开展的“五小”创新活动，取得了很大的成绩，为社会、为企业带来了相当可观的经济效益。

“五小”活动是以“小发明、小改造、小革新、小建议、小设计”为主要内容的经济创新活动，是由工会组织以提高经济效益和职工人才建设为目标，紧密结合企业技术进步和节能降耗，从小处入手，立足小改小革而进行的群众性技术革新、创造发明和献计献策活动。近些年通过在全国的大力推广，取得了极大的效益。一大批身处一线的平凡员工也脱颖而出，成为岗位创新能手。

河南漯河市一直把“五小”活动作为职工经济技术创新活动的重要组成部分，鼓励员工围绕工程质量，解决工序配套、优化工艺结构、理顺生产流程、创造精品工程、控制成本费用等方面自主创新，成效显著。仅2008年就有技术水平高、实用性强、经济效益好的“五小”成果210项，据不完全统计，这些创新成果创

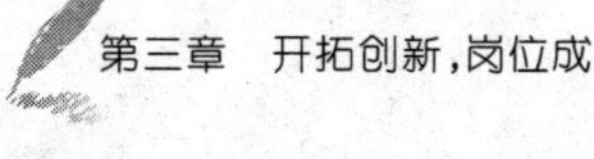

造经济效益3亿多元。自2005年以来，漯河市通过职工“五小”活动创新创造经济效益10多亿元。

开展“五小”创新活动，使大批平凡的“小专家”、“小博士”、“小诸葛”等创新能手脱颖而出。王奇峰原是银鸽集团的一名看汽工。他采取合理控制程序的办法，把每生产1吨纸用汽4吨减少到3吨。而节省1吨汽即可节省130元，按照银鸽集团的生产规模，每年仅用汽量就可减少近40万吨，节约成本500万元。他还通过增加水温、改变喷水方式等办法，对造纸成型网和毛毯用水进行工艺改造，使每吨纸的用水量减少了近一半。王奇峰不仅获得了银鸽集团百万元创新基金的巨额奖励，还多次被评为“银鸽之星”，由集团公司组织到国外旅游，足迹踏遍了10多个国家和地区。漯河高级技工学校柴会轩、马占欣等5位教师研发的《机床线路故障检修实训与考核装置》，是一种实习教学设备，具有广阔的市场前景。

小发明、小革新、小改进、小窍门、小建议、小节约……可别小看了这些“小”活动，在一个个创新成果的带动下，一批批协同工作的创新团队、创新基地不断涌现，一大批创新型员工脱颖而出，这些小活动引发的大效益更是使企业更加看重这些小活动，使小活动开展得更加丰富多彩，效益惊人。也让更多扎根在生产一线的普通工人有了脱颖而出的机会。

仅有高中学历，却是高级工程师，更是“山东省职工十大发明家”之一，看似无必然联系，但叠加在同一个人身上似乎就有点神奇，在平凡的工作中有所作为，达到生活的最高境界，他就是山东钢铁济钢第一炼铁厂高级工程师高新运。

自1975年踏上火红的炼铁炉台当上高炉炉前工的高新运，一干就是30多年。他虽只有高中文化程度，但他爱岗敬业，善于学习和钻研。对上料、炉前机械设备等出现的一些“疑难杂症”，他总是询问老师傅和技术人员，总是要查出原因，找出解决的方法，而他提出的解决方案同事们往往夸奖是“四两拨千斤”，“手到病除”。一次他发现高炉炉口不平和料钟中心不正造成了高炉偏料，影响高炉顺行。“是什么原因造成的？”他带着这个问题多次到现场反复观察琢磨，在没有现成的测量方法情况下，他灵机一动用"钓鱼法"这一土办法测量高炉的大小料钟，确定炉口是否水平，布料是否偏差，从而有效解决了这一技术难题，保证了高炉的高效顺行，取得了显著的经济效益。

高新运常说："作为一名当代技术工人，操作着现代化的设备，能否不断提高自身技能来胜任本职工作是我常常忧虑、思考的问题。如今安全生产、节能减排是钢铁生产要抓好的头等大事。"当他看到高炉冷却壁水管损坏频繁造成粉尘时，他心忧如焚，与工友们反复实验，采取外连管改为金属软管等措施，有效地延长了炉体寿命，同时为高炉不休风打压检查漏水和不休风改水管提供了方便，有效降低了因高炉查漏水、改水管造成的休风率，并成为标准设计。他提出的"350 高炉风口小套改软水冷却"合理化建议实施后年节水效益达 800 余万元。

高新运用智慧和技能撑起了安全生产的"保护伞"，还原了冶炼生产的"丽日蓝天"，先后共获得技术创新成果和国家实用新型专利 50 余项，全部应用于炼铁生产，成为名副其实的"职工发明家"，先后被授予"济南市职工创新能手"、"山东省冶金科技工作先进工作者"和"山东省职工十大发明家"等荣誉称号。

在轰轰烈烈的全国性创新活动中，一线工人无疑成为了创新发明的一支强大的生力军。工人在生产第一线，直接从事生产，对生产方式、生产方法，以及产品工艺、产品结构等方面的改进和完善最有发言权。广大工人的积极创新精神，正是一个企业不断创新的源泉。没有广大工人的创新，企业的创新就成了无源之水，无本之木。

在"创新创业"的进程中，广大一线工人是创新发明的生力军，每一个员工都可以成为岗位创新的能手，每一个员工都可以在自己的岗位上做出可喜的成绩来。不要怕创新小，小小的革新就能为企业带来可观的效益，也为自己的价值找到一个实现的路途。更不要认为小革新小发明太"小"就不屑于去做，而要认真去做，扎扎实实地去做，带着思想去做，小发明、小创新也一样可以做出大效益。而且这种小发明、小改革、小创新正是。在普通岗位上的员工大展身手的好时机和好课题。

第四章　节能减耗，降本增效，低碳经济，员工大有作为

节能减排就是节约能源、降低能源消耗、减少污染物排放；降本增效就是降低成本，增加效益。说到底，节能减排、降本增效都落在一个字上——省：省能源、省消耗、省成本、省开支。每一个员工都会是低碳节俭的主力军，每一个岗位都可以成为节能降本的支撑点，每一个工作的细节都可以成为节能减排的发力点，每一个小小的改进都可以为企业增加效益，只要用心去做，必然大有作为。

1. 低碳经济，人人有责

所谓低碳经济，就是通过技术创新、产业转型、一级开发新能源等等手段，尽量减少煤炭石油等高碳能源的消耗，从而达到减少温室气体的排放，促进经济社会发展与生态环境保护互利互赢的发展模式。“低碳经济”最早在2004年英国发布的国家《能源白皮书》里提出来。其实，这一内涵很多人早就知道，“低碳”这两个字概括得很形象、很准确，因而这一词语得到了更广泛的认同。其本意与以前我们一直提到的节能减排、可持续发展、降本增效、节能降耗是相同的。

低碳经济是一个集合名词，包括四个方面，有16个字：低碳发展、低碳产业、低碳技术、低碳生活。经济中生产、流通、消费三大领域都涉及到低碳，它不是单一的经济形态。

为什么要改变以前的模式，大力推行和发展低碳经济呢？这是对于全世界全人类的负责，对地球的负责。工业革命200多年以来，一个基本特征是以高碳排放为标志。这与主要利用石油、天然气、煤炭作为支撑整个工业体系的能源供给有关。这些能源称之为“碳基能源”，最终要排放出大量的二氧化碳。

有一组数据：20世纪开始的1900年，当时大气中二氧化碳的含量是290PPM；到2000年大气中二氧化碳达到380PPM。100年当中增加了90PPM，这个数量与速度相当于地质历史上1万年的结果。这个增速对地球本身是一个警讯，预示着地球本身的生态系统要发生根本性的变化，这是我们都要面对的共同问题。此外，全世界的“碳足迹”已经给全球的气候变化与生态环境敲起了警钟。大量高排放积累到现在，地球外壳中所能容纳的二氧化碳已经到达了危险的境地，如果高碳排放再继续，地球绝对受不了。整个人类将面临自己制造的地狱。所以，高碳经济向低碳经济转变是整个人类发展的必然选择。世界如此，中国更是如此。

我国以碳为基础的能源消耗占世界1/3左右。我国能源消费结构尤其处于“高碳”状态，化石能源约占92%，其中煤炭占68.7%，电力生产

78%依靠燃煤发电。截至到2007我国开发利用的可再生能源比重仅占8%，其中7.3%是水力，风能、太阳能、生物质能等可再生清洁能源的比重还很低。

2009年，我国消耗煤炭29亿吨。大致排出二氧化碳在55亿～60亿吨左右，人均4.1吨。每平方公里（不包括海洋）510吨。虽然我国人均二氧化碳排放量不是世界上最高的，但是总量和增速值得注意。我国政府从“九五”开始到“十五”、“十一五”一直比较注重节能减排。特别是“十一五”提出了约束性指标。由于全国上下大力抓，完成指标是有希望的。“十一五”规划指标的完成，意味着我国能够减少二氧化碳排放6亿～10亿吨左右，这是对全球的贡献。

现在，低碳经济已经成为我国经济发展的重要目标，从上到下，每一个人都熟悉，而且成为正在积极推行的行动。许多人都已经意识到，低碳经济已经不仅仅是国家、企业或是环保组织的事，而是与每一个人都有关的全民经济。比如家庭生活、节能、出行坐公交车还是小轿车等，本身都与低碳联系在一起。怎么节省能源需要全体社会成员的共识。低碳与每个人都有关系。但可以肯定的是，与生产企业的关系更大，因为企业生产是碳排放最多的地方。碳排放主要在三大领域：一是工业，比如制造业；二是交通，包括航空、陆地（公路、铁路）、水运、海运、管道运输；三是建筑，三大领域的碳排放占整个社会总排放的80%。三个方面能管住，低碳经济就有希望。所以，作为企业员工，对于低碳经济有更多的责任，同样，为节能减耗出力，也就有了更多的机会。

低碳经济、节能减排、降本增效、节约能源，这都是国家提出的重大国家战略，是建设资源节约型、环境友好型社会，发展低碳经济的有力举措，也是我们建设节约型企业的必经之路。建设节约型社会、节约型企业，是唯一的选择。

节能减排是企业义不容辞的责任，企业作为节能减排的责任主体和利益主体，必须勇挑重担。一个负责任的大企业，不能单纯地追求利润最大化，对社会、员工以及环境、生态都应负有责任，保护所处的环境以及区域生态平衡。在确保企业可持续发展的同时，把高耗能的企业变成节能企业、绿色企业、生态企业，造福群众。

而企业的主体是员工，也就是说，员工就是节能减排的主力军，节能减排也是每一个员工的责任。

责任是什么？责任就是一个人必须承担的义务职责。责任是一种使命，一种义务，一种义不容辞必须担负的道义。

责任就是做好社会赋予你的任何有意义的事情。我们的家庭需要责任，因为责任让家庭充满爱；我们的社会需要责任，因为责任能够让社会快速、稳健地发展；我们的企业需要责任，因为责任让企业更有凝聚力、战斗力和竞争力。

为企业节能减排、为企业降耗增效，也是每一个员工义不容辞的责任。员工作为企业的一员，不仅在利益上与企业是一个利益共同体，为企业减排也是在为社会贡献，也就是在为我们自己服务。低碳经济不仅是每一位员工必须承受的义务，也是必须担负的职责。

只有每一名员工都负起自己的责任，真正把低碳经济作为自己的重要工作内容，在每一个生活和工作的细节中落实低碳经济，才能真正为低碳经济作出一个员工应有的贡献，而且每一个员工也都能在低碳经济中大显身手，大展拳脚，大有作为。

山东黄台发电厂副总工程师周亚男，就是一个节能减排的标兵。2006年，黄台电厂先后承揽了云南滇东、山西王曲四台60万千瓦机组的长期维护工程，周亚男带领员工克服不利因素，成立了云南滇东、山西王曲两大维护基地，开创了黄台电厂省外大型维护项目的先河，检修市场成为黄台电厂又一赖以生存的支柱产业。

周亚男任副总工程师后，带领员工对影响机组可靠性、经济性的问题进行集中治理，使供电煤耗平均降低10克/千瓦时以上；积极开展节能评估工作，累计制定检修改造项目40余项，2009年共节电2201万千瓦时、节水204万吨、节煤约7.64万吨，污染物全部达标排放，超额65.8%完成年度节能目标，并超额33%、提前一年完成了“十一五”节能量目标。黄台电厂先后被授予“山东省节能先进企业”、“华能节能先进单位”荣誉称号。周亚男也多次荣获山东电力先进生产者称号，被评为山东省劳动模范，被授予全国五一劳动奖章。还被评为全国节能减排标兵。

山东省烟台某集团公司总裁助理、副总工程师、技术开发中心主任文爱武在积极组织推广应用和开发建筑节能减排新技术、新材料、新设备、新工艺，为降低建筑物能耗、减少施工材料消耗等方面成效显著。文爱武申请了两项发明专利和一项实用新型专利，主持编写的两项外墙节能保温工法被评为山东省施工工法；他积极进行墙体材料革新和建筑节能的研究工作，2006年被山东省建设厅评为“山东省墙材革新与建筑节能先进个人”。2009年被授予市“职工节能减排标兵”荣誉称号，

每一名对企业有责任感的员工，都会以为企业节能为已任，为节能减排而尽力。当你在你的岗位上为减排尽力、为企业奋斗的时候，其实你也拥有了自己的成就。

低碳经济是国家的大事，全局的大事，也是每一名员工的责任。每一个单位、每一个人都要尽心尽责，每一个员工更要脚踏实地为节能降耗尽力。

当我们有了这种责任心以后，每一个工作的细节里都可以作为节能的发力点，每一个工作的环节都可以成为减排的舞台。节约一度电，就意味着节约350克标煤和400克水，同时减排250克温室气体，减排硫化物和氮化物各5克。一度电可产出GDP大约10元，织布8～10米，生产化肥22千克，啤酒15瓶，9瓦节能灯开110小时。从这些细账中我们可以发现，节能减排、节本降耗并不复杂，只要我们在日常的工作中仔细小心，一样可以进行。只要我们围绕节能降耗、发展循环经济为重点，想办法、找点子，立足岗位开展“小建议、小发明、小改造、小设计、小革新”和技术攻关、技术协作等活动，改进生产工艺、技术和设备；把节能降耗、节能减排、降本增效活动落实到每一天的工作中去，就能充分发挥降本增效的主力军作用，为低碳经济出大力。

淮北矿业集团工会按照节能减排工作要求，在矿区女职工中开展了“节能减排我当先”活动，提出广大女职工们作为员工队伍的重要组成部分和家庭成员，要勇于承担节约能源和保护环境的重任。

活动的决定一发出，立即得到矿区各级女职工组织和广大女职工的积极响应。大家坚持从身边做起，从点滴做起，紧紧围绕矿区节能减排工作目标，提出合理化建议千余条。

面向全矿区女职工征集合理化建议，集中大家的智慧搞好节能减排工作，各单位女职工纷纷行动，围绕节约能源、保护环境、发展循环经济中心，结合本职岗位的实际情况，集思广益献计献策，征集出许多“金点子”。

“回收废旧矿灯泡”，是省劳动模范、临涣煤电公司机电科灯房班长陆芳芳的建议。陆芳芳从事灯工 20 多年来，不仅对工作一丝不苟精益求精，而且也是节能减排的有心人。她曾经探索出一套简单可行的矿灯电瓶重新“激活”维修方法，在灯房推广使用，确保了矿灯的完好率在 95％以上，每年节约材料费 10000 多元。后来她又把目光盯在了废旧矿灯泡上。临涣煤电公司有矿灯 4100 盏，每天损坏矿灯泡约 100 只，一年下来就有 3 万余只灯泡被换下。陆芳芳仔细算了一笔账：全矿区每年大约有 50 万只矿灯泡被废弃，这些废旧矿灯泡一般都是按照垃圾随手倒掉，由于灯泡内有钨丝，外壳有金属底座和玻璃体，随意排放不仅浪费了可回收物资，而且还对环境有一定的污染。她建议今后采取以旧换新的办法，将废旧矿灯泡集中回收，这样可以节约材料、降低成本实现节能减排。

煤矿浴池淋浴喷头给水，一般用脚踏或手动开关阀，如果闸阀不关就会造成水资源浪费。岱河矿通讯科丁晓春发现市场上畅销一种“智能给水计费阀”，运用磁卡控制开关并自动计费，要是每人一张卡计费用水，肯定会控制淋浴“长流水”。她提出了“浴池淋浴自动计费用水”的合理化建议，并且对目标、效益、效果做了仔细测算。以40个给水终端使用1小时计算：40×2×1＝80（吨），按照每吨水的市场价计算，天长日久就会带来大效益。

还有"烘干机废气排放二次利用"、"办公节约新主张"、"工业广场照明改造"及"炸药生产废水循环使用"，等等。这每一项建议，都凝结着矿区女职工的智慧和心血。

可见，只要树立了责任心，不管在什么样的岗位都一样可以为低碳经济出力。员工要把实现低成本，高效益的目标与原辅材料的低消耗联系在一起。而减少原辅材料的浪费，提高废汽、废液、废渣的回收和循环再利用，把节能、节水、节电、节材等做为我们企业实现节能降耗的手段，以取得最大的经济产出和最少的废物排放，实现经济环境和社会效益相统一，建设资源节约型和环境友好型企业。这需要我们企业每一位员工的共同努力。让我们首先成为一名节约型的员工，节约我们生产工作中的每一份资源，一滴水、一度电、一张纸、一颗螺丝钉、甚至是一粒盐。

低碳经济是每一个员工责任，每一个员工就必须树立"从我做起，从小事做起，从每个岗位做起，从每个环节做起"的观念。树立起这个观念，你就会发现，你的眼界宽了，心细了，以往视而不见的事物看清了，听而不闻的情况警觉了。看似不起眼的小事一旦和低碳连在一起，你就会觉得自己大有作为了。从小里讲，节约一滴机油，一度电，一克煤，一颗螺丝钉，一张复印纸。往大里看，精心操作，少出废品，严守规章，杜绝安全事故，不也是降本增效、节能减排，低碳经济吗？

每一个人都是发展低碳经济的重要力量，每一个员工更是低碳经济生活的主力军。在自己的岗位上，在自己的工作中，以低碳为目标来做工作，就可以成为低碳经济的先锋，也成就自己的人生。全国劳动模范邓先就是这样一位"低碳先锋"。

从1982年参加工作，贵糖股份有限公司热电厂锅炉修理班班长邓先已经在炉修班干了28年。刚参加工作时，年轻气盛的邓先在锅炉修理班这个苦、脏、累的岗位却感到格外的满足，他总是风风火火，干活冲在前、吃苦抢在先，并很快地掌握了锅炉各个设备性能、技术数据。

为了降低能耗，提高效率，当了班组长的邓先有针对性地组织本班组成员开展QC小组活动，挖掘锅炉潜能。多年来，他组织带领本班员工进行了《合理调整130T/H锅炉省煤器受热面，提高锅炉热效率》、《提高75T/H锅炉燃烧蔗渣处理量》、《提高130T/H锅炉制粉系统出力》、《提高130T/H锅炉燃烧效果》、《调整75T/H锅炉蔗糠、煤粉混合燃烧的最佳点》、《改造65T/H锅炉燃烧系统，降低锅炉飞灰可燃物》等多项QC课题，这些成果投入生产后有效地提高了锅炉出力，达到节能降耗的目的，为企业创造了较大的经济效益。其中《提高130T/H锅炉制粉系统出力》QC活动成果获得"全国优秀QC小组"称号，其余均获自治区QC成果优秀奖。他所带领的班组于1997年4月获得全国五一劳动奖章荣誉，2008年3月获得广西"工人先锋号"称号，2009年5月又获得全国"工人先锋号"殊荣。

蔗渣喷淋水IC厌氧处理反应塔产生的沼气，除了近距离送到轻钙厂转窑作为燃料燃烧外，余下的则放空焚尽，资源极为浪费。邓先看在眼里，痛在心上：剩余的沼气如果用于锅炉与蔗髓混合燃烧，不就可以避免浪费了吗？去年，他经过请示公司领导，安装了一条输送沼气专用管道，把轻钙厂没用完的沼气引到锅炉与蔗髓混烧，改善蔗髓燃烧工况。这一举措，开创了沼气用于锅炉燃烧的先河，为企业创造了丰厚的回报。据统计，使用沼气与蔗髓混烧后，在同等条件下，每小时多产9.9吨合格蒸汽，按企业价90元/吨计，公司每月可获得直接经济效益64万元。

面对国际金融危机的冲击，2009年，邓先带领全体班组成员积极响应公司关于开展"共渡难关，共谋发展，共创和谐"的竞赛活动，以"当好主力军，建功'十一五'和奔小康"为主题，围绕创建全国"工人先锋号"，争当金牌工人为载体，积极开展以挖潜增效、节能减排为内容的技术攻关活动。经过努力，2009年度贵糖公司平均吨蒸汽耗标煤创历史最好水平，达到109.5千克煤/吨蒸汽，全年节约标煤 8000 多吨。邓先和他的锅炉维修班为公司节能减排工作立下了汗马功劳。

当“全国劳动模范”、“先进生产工作者”、“先进班组长”、“贵港市劳动模范”、“广西五一劳动奖章”、“广西劳动模范”等桂冠戴在邓先的头上时，回想起他在技术革新和节能降耗方面作出的贡献，工友们开玩笑说，应当再给他发一顶“低碳先锋”的桂冠。

不仅仅是工作中可以为低碳经济作贡献，为降本增效出谋划策，即使在平常的生活中，每一个员工、每一个公民也一样可以大有作为。低碳经济不仅取决于国家的经济战略、技术创新能力以及相应的政策与制度环境，更取决于每一位国民的参与程度，体现在工作中的点点滴滴和日常生活中的许多“细枝末节”。正如 2008 年联合国环境规划署对个人采取“低碳生活方式”提出的 7 项小建议：使用传统的发条式闹钟替代电子钟，每天可减少大约 48 克的碳排放量；使用传统牙刷替代电动牙刷，每天可减少 48 克碳排放量；把在电动跑步机上 45 分钟的锻炼改为到附近公园慢跑，可减少将近 1000 克的碳排放量；去 8 公里以外的地方，乘坐轨道交通比乘汽车减少 1700 克的碳排放量；不用洗衣机甩干衣服，可减少 2300 克的二氧化碳排放量；在午餐休息时和下班后关闭电脑及显示器，除省电外还可将电器的二氧化碳排放量减少 1/3；改用节水型淋浴喷头，不仅可以节水，还可把三分钟热水淋浴所导致的二氧化碳排放量减少一半。再比如不使用一次性产品，也能节省不少碳排放。比如一次性餐盒、一次性桌布、一次性手套、一次性围裙、一次性内衣、一次性相机，等等。一次性用品的大量使用，不仅造成自然资源的极大浪费、产生大量一次性垃圾、破坏生态环境，还浪费宝贵的石油资源、增加碳排放的负担。其实发展低碳经济，引领低碳生活的潮流就要从就要从节省每一滴水、每一度电、每一张纸做起，就要从拒绝使用一次性用品做起。

看似非常琐碎的小事，但是如果每个人都把这小事做的很好，那么加起来以后它对国家低碳经济的发展将是一个不小的贡献。其实发展低碳经济就应该从我们生活中的细枝末节做起，因为低碳经济的发展不光是国家的事，它更是我们每一个人的事，与我们每个人息息相关。

2. 在工作的细节中为节能减耗出力

企业是建设节约型社会的主体，建设节约型社会离不开建设节约型企业的参与。

节约是国家的大政策大方针，但却并不标志着这必须要有大支出大手笔才能做好的一件事，实际上，节能减排降本增效的重点就在于广大职工工作的点点滴滴的小事中细节上。

比如常年在车间一线操作，对设备进行维护的同时，有些小配件可以创新进行，以旧改新，进行配合使用。例如，蒸汽阀门的手轮经常滑丝现象，我们可以把以前的进行整个阀门更换的方法改进为利用焊条把手轮焊接到阀杆上，这样就解决了滑丝的现象，又增加了阀门的使用寿命。这样的小小创新，也是节能降耗的有效办法。

节能减耗，关键是增强员工的节能减耗意识，从岗位做起，从自身做起。因此，全体员工加强岗位练兵和技术培训，提高综合素质，不断提高参与节能减耗工作的能力。在不同的岗位上都可以开展节电、节汽、节油、节水、节煤；小改造、小革新、小建议、小创造、小发明的“五节、五小”活动，充分发挥主人翁精神，牢固树立“以节能为荣，以浪费为耻”的观念，从我做起，从小事做起，形成人人为主题活动作贡献的氛围，在工作中积极推广节能新技术、新工艺、新材料和新设备，为公司的可持续发展献计献策出力，积极参与企业开展的技术革新、技术创新和技术攻关等群众性科技创新活动，努力推广先进技术、先进操作法和优秀技术成果，为发展循环经济、节约资源和保护环境贡献智慧和力量。

在各个企业里，员工充分发挥主人翁意识，大力开展节能降耗和革新技术活动，降本增效的方法比比皆是。

塔河采油二厂集输一大队二号联合站供热系统经过岗位人

员巧妙改造获得成功，取得了可观的经济效益。

二号联供热系统主要为二号联合站、电站、输油首站、轻烃站等四座站供暖，同时为二号联新扩建场所以及站内设备运行系统伴热。由于供热系统变频器故障无法正常工作，给二号联冬季安全生产运行带来影响。热媒岗操作工杨贵明和吴祥通过仔细观察，发现水站来水压力为0.3MP上下波动，而供暖系统的最高回水压力是0.2MP。他们卸掉在水站来水管线的上的一个闲置堵头，加装一个40mm的球阀用管线连到过滤器上进入回水管线，通过适当调节球阀的开度，来控制系统的回水压力，在停用补水泵的情况下，实现了为系统正常补水。

这一项改造通过三个多月的运行效果非常好，不仅能够保证供热系统正常运行，还节约了电费。原来每天耗电大约20度，一个月节约近400元。同时还节省了对补水泵的维护保养费用。

干毛巾也要拧出水来的精神就是这样在降本增效中体现的，一个有节约意识的员工，一个把低碳经济融入工作的员工，在最细微的工作中，也会想出节约的办法来。

《中国石化报》就曾报道和算过这样的账：如果先开油箱盖再提加油枪，每次电动机要空转5秒钟时间，以一个日销量20吨的加油站为例，每天加油员提枪的次数约在600次以上，600个5秒钟，相当于一台加油机空转了50分钟；按一台加油机一小时耗电0.75度计算，一天即多耗电0.72×(50÷60)＝0.62度，一年就多耗电费219元；而若将其省下来，全石化销售企业3万座加油站，一年下来就是一个惊人的数字了。

看，一个“先提枪后开盖”和一个“先开盖后提枪”，两者之间竟然有着这样惊人的差距！那些最初的“小数据”，在很多人眼里是“微不足道”的“细枝末节”，累计起来竟如“藏龙卧虎”！这说明，我们平时点点滴滴的节能降耗，也是非常重要的！

节能降耗，节能减排，本来就不需要多么巨大的投资，多么宏大的设备,需要的只是我们日常工作中点点滴滴处的仔细和节俭,这样积累起来,也就为节能减耗出了大力。

把企业当成自己的家,会尽最大努力完成自己的每一项工作,把浪费降到最低限度,小心地使用设备和服务设施,高效率地利用好自己的时间。这样,不论是开动一台机器,还是进行一次车间服务,或者是在办公室打一封信件,员工都会最大限度地为企业节约每一分钱。

有一家大型服装公司,打算去外地参加一次服装展。因工作需要,公司必须带去一些宣传资料。于是,老板叫来秘书,让秘书尽快去联系印刷厂印制宣传材料。

秘书听到吩咐后并没有马上去执行,而是对老板说:"上次展会还剩下好多资料,可以用那些吗?"

老板回答:"你找出来核对一下,看看内容是不是一样。"

秘书便找出资料进行核对。过了一会儿,秘书又找到老板说:"老板,我核对过了,绝大部分内容都一样,只有一个电话号码变了。"

"那就去重印吧!"老板回答道。

秘书还在想这件事,她一直都觉得可惜,这么多资料,只因为一个电话号码的改变就不能用了。重印不仅要花费一笔钱,还要花费时间。

"难道真的没办法再用上这些资料吗?"秘书想。无意间,她看见了桌上的一份资料。这份资料是老板开会时用的,因为老板临时改变了一个数据,于是她用一个改正纸把数据改了过来。

突然,秘书灵机一动,那些宣传材料上的电话号码不也可以用印有新号码的不干胶纸改一下吗?只要贴得整齐,是不会影响美观的。

于是,秘书马上到老板办公室向老板请示这件事情。老板有点儿不放心,问:"那样能行吗?"

"我仔细点,应该不会影响阅读的。"

"好,那你就去试试吧!"

一个多小时过后，秘书把整理好材料给老板过目。现在，在原先那个电话号码上，是一条不干胶，上面是一个工整的新电话号码，看起来一点儿也没有不协调的感觉。

老板赞扬了秘书一番，并立即开了一个小型会议。在会上，老板说："这个创意非常妙，虽然节省的钱不多，但是可以看出她已经将节约当成了自己的责任，主动去想办法为公司节约成本，如果大家都像她那样视节约为己任，那么公司就不愁发展了。"

每一名员工做的这些似乎都是一些小事，但却会对一个企业的成败造成很大的影响。如果企业中的每一名员工都能这里节省一点儿，那里节省一点儿，只要有可能就避免浪费，能少花一分钱就绝不多浪费一分钱，那么，日积月累，节俭所产生的巨大效果就会让人感到惊奇。

每一个员工的节俭都会推动公司的成长，每个员工的节俭都会为公司的进步增添一份力量，自身节俭和促进公司的发展是每一位员工义不容辞的责任，只有懂得节俭的员工才能为公司创造更大的价值。如果你是这么想的，也是这么去做的，那你就会成为公司的重要员工，获得晋升，得到重用。

有一个年轻人大学毕业后到一家大公司工作，不久因为平时工作努力，勤俭节约，做出了非常突出的业绩，深受公司老板的赏识。公司老板最欣赏这个年轻人的勤俭节约，认为他是一个品德高尚、做事沉稳、值得信赖的人，公司老板经过深思熟虑后便将一个小公司交给他管理，这个年轻人把这个小公司管理得井井有条，市场开发也做得很好，公司业绩直线上升，不久后成为一家盈利很强的公司。有一个精明的外商听说之后，便想投资500万美元同他的公司合作开发一个更好的项目。

双方见面后开始商谈项目合作的事情。商务谈判从早上谈到晚上，双方对合作项目都非常看好，可以说谈得很成功。当谈判结束后，这位年轻的经理邀请外商共进晚餐。他们在公司附近的一家餐馆用餐。

晚餐很简单，几个盘子都吃得干干净净，只剩下两个小笼包子。那位年轻经理对餐馆服务员说:“请把这两个包子打一下包,我要带走。”那个外商看到这个情形当时很惊讶,眉头皱了一下,就问他:“这两个小包子你带回去干什么?”年轻经理不好意思地说:“晚上我回去还要再研究一下我们合作项目的事,这两个包子我准备当夜宵吃。”

一听这话,外商更是惊得目瞪口呆,但他马上就开心地笑了。外商站起来握住那个年轻经理的手说:“明天我们就签合同吧。”

年轻经理不解地问外商:“签合同是件大事,你不再考虑了?”

外商笑着解释说:“你这种潜意识的节俭行为是我看好你的原因,一个特别节俭的人肯定是一个特别节制的人,人一旦知道节制,就会知道什么事情这样做会做得更好,什么事情那样做会做得非常糟糕。一个节制的人绝对是一个特别会尊重别人的人,你连两个小包子都知道物尽其用,更不用说我投资的五百万美金了。这还说明了另外一件事,看来你对经营公司、商业运作确实有你独特的地方。”

节俭是一件简单容易的事情,谁都可以立刻实行。关键看你是不是把节俭当成了自己的责任,而且是不是真正负起了这个责任。

涓涓小溪汇成江海,巍巍高山起于垒土。实践告诉我们,哪怕是再小的节约,也能产生惊人的效益。每一个平凡的岗位都可以为节能做贡献,每一个工作的细节也都可以成为降本增效的发力点,只要我们积极行动起来,从我做起,从工作的点点滴滴做起,持之以恒,把节能降耗当做一种修养,一种美德,一种文化,一种责任,用实际行动去履行我们的职责,节能减排、降本增效的大目标也一定会实现。

3. 树立成本意识,处处为企业节约

降本增效,降本是增效的前提。也就是说,节约能源消费,尽最大的

努力减少成本，降低消耗标准，才能真正增加效益。

有人说，成本就是“魔鬼”，如果不能引导员工主动自觉地与“魔鬼”战斗，它就会与员工“结盟”，在企业的视线之外、控制之外的任何时间、任何地点，悄无声息地掠走利润，增加成本，让企业不胜负荷，甚至最终被它压跨。

福特公司是一个非常有名的例子。从20世纪20年代开始，福特公司开始了一体化进程，随后就一发而不可收拾，它不断地沿着产品的价值链向上游和下游进行扩张，最终也的确实现了从原材料、生产和销售的一体化，这些措施在当时获得了很好的效果，公司的成本由此而得到大幅度的下降。可是，公司仍然没有停下来的意思，继续将脚步延伸到基础原材料行业，比如在匹茨堡购买了铁矿，然后运往分布于五大湖的冶炼厂，待把铁炼成钢后再运往自己的汽车生产线制造出汽车。更令人吃惊的是，福特公司甚至还拥有自己的牧羊场，出产的羊毛专用于生产供应公司的汽车座垫！

然而，20世纪90年代末发生在美国的经济衰退，打破了福特公司的美梦，由于巨大的成本包袱使得公司背负上了沉重的债务负担，公司不得不对此进行大规模的改造，重新调整组织机构。

关于成本和利润的关系，美国钢铁大王安德鲁·卡内基解释得很清楚：“密切注意成本，并去降低成本，你就不用担心没有利润。”利润被成本压制，降低了成本，利润自然就会显现出来，利润其实就隐藏在成本之中。如果反过来，也可以说，如果任由成本滋长，利润肯定会被这个可怕的魔鬼吸光！

在2008年金融危机中由于销售下滑和成本的增加，纺织服装业遭受重创，倒闭无数。纺织服装业所遭受的冲击来自多个方面：一是人民币升值导致出口贸易利润大幅缩水，再加上金融危机的影响，消费需求锐减，导致全球出口贸易额整体下滑，国内市场购买力下降。当年广交会服装的成交额比上年同期下降了70%;2008年1～8月份广东省服装出口下降48%,其中深圳降幅高达68%。

另一个重要的因素就是生产要素成本的上升。受经济景气指标下降带来的CPI增速下降并没有传导到纺织服装企业耗用的原材料价格上,水费、电费、油料费等消费价格一直居高不下,而经济不景气影响产品销售价格却是立竿见影,导致利润空间锐减;人力成本的上升对于内地劳动密集型企业来说无疑是雪上加霜。

如湖北名牌服装企业乔万尼公司2008年因生产原材料上涨使企业原材料与2007年同比上升20%,一年多花1100万元;因劳动力成本上升30%,一年多支出1000多万元,仅上述两项一年共计多支出2000多万元,尽管企业销量增加了30%,品牌附加值提高了10%,但全年利润较2007年仍然大幅度下降,因为大部分的利润都被成本这个魔鬼吸走了。

高成本真的是魔鬼。在2008年金融危机中广东沿海的中小企业倒闭上千家,据央视经济频道的报道,主要的原因就是因为出口锐减,业绩下滑,而随着“油荒”、“电荒”、“民工荒”的到来,材料成本、人力成本都直线上升,高成本和低效益压跨了一大批企业。

如果魔鬼在侧,却还不知道节俭的重要,依然大手大脚,恣意花钱,那就除了跨掉不可能有更好的结果了。“爱多VCD”就是一个最好的例证。

爱多1995年成立,仅一年就成为VCD行业的佼佼者。1996年,爱多以8200万元天价成为中央电视台广告“标王”。并用全部利润450万元请影星成龙拍了广告片,1997年爱多的销售额从前一年的2亿元一跃而骤增至16亿元,赫然出现在中国电子50强的排行榜上。这年底,胡志标赴荷兰飞利浦公司总部考察,这家电子工业巨人以“私人飞机加红地毯”的最高规格接待了这位来自中国的年轻人。

据称,飞利浦从来只对两类人给予这样的礼遇,一是国家元首,一是公司最重要的客户。当时海内外业界对胡志标的厚望可见一斑。

但是，随着爱多的超常规成长，以及不知节俭的企业文化，不停打响的价格战，让爱多的成本居高不下，高成本让爱多不堪重负。寻找新的增长点成为一个摆在胡志标面前的大课题。于是，一个庞大而激动人心的“阳光行动B计划”出炉了。然而，仅仅在南昌等个别城市开出“爱多增值连锁店”后，它便无疾而终。从“B计划”失利开始，爱多开始走下坡路。因为企业规模急速膨胀，资源供应出现短缺，过于依靠短期现金流导致了中国民营企业常见“速生速死”和“三年企业”现象，兴盛时来势迅猛，公司颓废时也是一日千里，江河日下。

爱多总裁胡志标力图东山再起。1998年9月至11月，胡志标未经爱多公司另外两大股东陈天南与益隆经联社同意，用爱多名义成立中山市爱多数字视频设备有限公司、中山市爱多音响设备有限公司、广东爱多音像有限公司，挪用爱多公司的巨额资金进行虚假注册及公司的生产经营，从而给爱多造成了重大损失，风光一时的爱多轰然倒地。

这样的教训无疑是惨痛的。由于浪费和无计划地花费导致的高成本其实比魔鬼更可怕，它在不知不觉中榨干了企业的利润，摧跨了企业。而成功的企业往往是那些及早发现了高成本魔鬼，并想尽千方百计在成本上把住关，把每一分钱的成本浪费都当成“魔鬼”来对待，尽全力杀死成本这个魔鬼，才能够赚到更多的利润，才能在微利时代生存并发展壮大。

百安居隶属世界500强企业之一的英国翠丰集团，自进入中国内地市场以来，至今已开设了60多家分店，仅2007年的营业额就达70亿元人民币之巨，稳居中国建材连锁市场第一的位置。就是这样一家在外人看来如此财大气粗的企业，却一直把节俭当成自己生存的基础。

“我们希望所有员工不要混淆‘抠门’与‘成本控制’的关系，原则上，‘要花该花的钱，少花甚至不花不该花的钱’，我们要讲究花钱的效益。”《营运控制手册》的前言部分如此写道：“降低成本，人人有责。”这样的口号在百安居随处可见。这种文化的灌输从新员工入职培训时就已经开始，并且常常在每天的晨会中不断灌输、强化。

百安居总经理用的签字笔价格仅为 1.5 元，很多人都不相信这是事实，但只要到过百安居的人都会知道，百安居从领导者到普通员工就是这么节俭。

百安居有着非常详细、严密的制度，它们正是通过这些制度，从费用细化、财务预算、操作规范等各个方面来控制自己的成本。对于各项开支，百安居都有一套成型的操作流程和控制手册。该手册从电、水、印刷品、劳保用品、电话、办公用品、设备和商店易耗品 8 个方面提出控制成本的方法。

在这项制度中，它们将许多项目的开支都精确到最小的单位值。以用电为例，百安居将用电的节俭程度规定到了以分钟为单位。用电时间控制点从 7：00～23：30，依据营业时间、配送时间、季节和当地的日照情况划分为 18 个时间段，相隔最长的 7 个小时，相隔最短的仅有 2 分钟。

预算与计划建立了节俭的标准，很好地控制了企业的成本。在百安居的运营报表上记录着 137 类费用单项。其中，可控费用(人事、水电、包装、耗材等)84 项，不可控费用(固定资产折旧、店租金、利息、开办费摊销)53 项。尽管某些单店日销售额曾突破千万元，但是其运营费用仍被细化到几乎不能再细的地步，有的费用项目甚至单月预算不到 100 元。

百安居每一项费用都有年度预算和月度计划。财务预算是一项制度，每一笔支出都要有据可依，执行情况会与考核挂钩，每月、每季度、每年都会由财务汇总后发到管理者的手中，超支和异常的数据会做出特别的标示。在公司的会议上，相关部门需要对超支的部分做出解释。

由于有了这种严格控制成本的制度，当百安居的总经理要将自己所买笔的价格控制在预算内时，他也就只好买 1.5 元一支的普通签字笔了。

在百安居，经理总是带头节俭，百安居总经理办公室和其他员工的一样简陋，一张能容6人的会议桌，毫无档次可言的普通灰白色文件柜。没有老板桌，总经理坐的椅子(用“凳子”这个词也可以)和普通员工一样，连扶手都没有。而且，就这几件物品，办公室已不宽敞。

节约每一分成本的经营策略，使得百安居能够严格控制成本，并最终获得较高的利润。正是这种强烈的节约意识，使百安居的运营费用占销售额的百分比远低于同行。和百安居同样规模的企业，销售额只有百安居的1/2，运营成本却比百安居多出一倍。成本相差了如此之多，利润差异自然就在不言中了。

高成本是魔鬼，必须毫不留情地杀死。这样才能保证企业的利润，保证企业不断地发展壮大，而不被成本这个魔鬼左右，甚至被它压跨。世界上所有规模庞大、实力雄厚的企业，都是注重成本控制，节俭开支的企业，都是靠所有员工一步一个脚印创造出来的，是一分钱一分钱地节俭出来的。

微软是历年来居世界500强首位的企业。2009年1月22日，微软发布其第二财季报告称，公司的财务状况出现了大幅滑坡。

微软称公司业绩下滑是多个因素造成的。例如，个人电脑市场需求疲软，低价格的上网本电脑日益盛行，此外，全球经济衰退也是一个重要因素。

考虑到未来全球经济衰退可能进一步加剧，微软宣布将采取更多措施控制成本，包括控制与员工规模有关的成本支出、供应商费用、临时雇员支出、资本支出和营销费用等。作为这项计划的重要组成部分，微软将在未来18个月内裁员5000名，涉及的部门包括研发、市场营销、销售、财务、法律、人力资源和IT。通过这些措施，微软的年度运营成本将因此减少15亿美元，并在2009财年减少资本支出7亿美元。

在这种背景下，微软CEO史蒂夫·鲍尔默致信全体微软职员，“为应对这种不利的环境，我们必须在致力于革新技术长期投资的同时，也要迅速采取行动降低成本。”

众所周知，微软公司的总裁比尔·盖茨是当今世界的首富，简单地说，他6个月的资产就可以增加160亿美元，相当于每秒有2500美元的进账。然而，比尔·盖茨的成本意识和节俭精神比他的财富更令人惊诧。

比尔·盖茨一直以来都是一个非常注重节俭的人。创业初期，兼任微软总裁的魏兰德将自己的办公室装饰得非常豪华气派，比尔·盖茨看到后非常生气，他对魏兰德说：“微软还处在创业时期，如果形成这种浪费的作风，不利于微软的进一步发展。”

每次坐飞机，他通常都坐经济舱，没有特殊情况，他是绝不会坐头等舱的。即便是对方花钱为他买的头等舱，他也一样拒绝。

有一次，美国凤凰城举办电脑展示会，比尔·盖茨应邀出席。主办方事先给比尔·盖茨订了张头等机舱的票，比尔·盖茨知道后，没有同意他们的做法，然后硬是换成了经济舱。还有一次，比尔·盖茨要到欧洲召开展示会，他又一次让主办方将头等舱机票换成了经济舱机票。

还有一次比尔·盖茨和一位朋友同车前往希尔顿饭店去开会，由于去晚了，找不到停车位。他的朋友建议把车停到饭店的贵宾车位上。但是，作为世界首富的比尔·盖茨却不同意。他说：“这可要花12美元，可不是个好价钱。”

“我来付”，他的朋友说。

“那可不是个好主意，这样太浪费了”，比尔·盖茨坚持不将汽车停放在贵宾车位上。

是比尔·盖茨小气、吝啬到已成为守财奴的地步了吗？当然不是，他深深地懂得花钱应像炒菜放盐一样恰到好处，该花的花，不该花的坚决不花。正是带头人有了这种节俭的精神，使得微软公司在激烈的市场竞争中更得心应手，在勤俭中创造出最大的利润。

如果说追求利润是企业的根本目标。而利润指标又是定量的。那么如果降低了成本，就等于提高了利润。所以，要降低成本，每一个员工都应该树立起成本意识,时时处处、分分秒秒都把降低成本、增加效益刻在心上,落实在行动上。

成本意识,通俗地说,也就是企业内每位员工,对于做任何一件事情,都要衡量做这件事情要付出多少代价(金钱)来完成,是不是有更节省、更好的办法,这些想法就是成本意识。

然而,我们有相当一部分员工甚至是中层管理者,现在仍然存在这样的一个意识:只要把工作做上去,我的任务就算完成了,至于成本、利润那不是我该考虑的事情,那是老板该管的事情,这是一个非常错误而又危险的认识。

现实生活中,我们有些员工没有成本意识,他们对于公司财物的损坏、浪费熟视无睹,让公司白白遭受损失,自然使公司的开支增大,成本提高,也使我们个人的收人降低。

其实,公司每位员工都应树立起成本意识,这很重要,有时无意间浪费了几张纸、几度电,虽谈不上给公司造成多大损失,但是如果对这种行为很漠然,无动于衷;或者视而不见,见而不为,这才是最可怕的!

俗话说,“有了大家,才有小家”。节能降耗、降低成本不仅是企业管理层应该思考的问题,也是企业每个员工应该思考的问题。

在如今的微利时代,向企业内部挖潜显得更为重要。员工应该意识到,成本就是公司的投资,也是可以由公司自行控制的因素,而且,每一位员工都可以参与到这个控制过程中来。节约成本,增加公司的利润,最终也会增加你的薪金。而公司的增长,可以扩大你的发展空间。

4. 着力为企业降低成本,增加效益

降低成本就是增加效益。这是一个非常浅显的道理。利润=收入一成本,当收入固定时,成本降低,则必然会使收入增加。这样简单的公式谁都会算。省一分等于赚一分,减少的都是成本,那么省下的都是利润。像邯钢,就是一个以节约成本增加利润的榜样。

很多人不知道,在盈利之前,邯钢曾连续17年亏损。为了

扭转亏损局面，邯钢把目光盯在消除企业的浪费上。钢铁行业是多流程、大批量生产的行业，邯钢的决策者们在调研中发现企业内部浪费惊人，而这些浪费无疑加大了企业的成本。于是，邯钢决定从成本入手甩掉亏损的帽子。

邯钢生产的线材，在20世纪90年代初，每吨成本高达1649元，而市场价只能卖到1600元，也就是说每销售一吨线材企业要亏损49元。49元的亏损，就意味着企业内部存在49元的浪费。必须从各个工序里把它找出来！在查找浪费的过程中发现，仅在产品的包装上，每个月就会产生上百吨废料，由此造成的损失超过6万元。在对包装设备进行了全面的技术改造后，每吨钢材的成本就下降了8元。经过认真分析，采取相应措施后，开坯工序每吨钢坯成本降低了5元，钢锭生产工序每吨成本降低了24.12元，原料外购每吨成本降低了50元……

采用新成本“倒推”的办法，经过层层分解，邯钢将每吨钢的成本最高限额压到了最低。大到几千万、几亿元的工程项目，小到一张纸、一张邮票、一颗螺丝钉，他们都精打细算。

为了促使这种机制高效运转，提高每位员工的节俭意识，邯钢在给分公司下达成本目标的同时，采取了非常严格的奖惩制度以保证目标的完成——对于实际成本超出目标成本的分公司实行重罚，对于实际成本低于目标成本的公司实行重奖；同时加大了奖金发放的力度，奖金额约占工资的40%～50%。另外，还设立模拟市场核算效益奖，按年度成本降低总额的5%～10%和超创目标利润的3%～5%提取，仅1994年效益奖就发放了5800万元。

2002年，钢材市场竞争异常激烈，钢材价格一降再降，而原材料价格不断上涨，在这样的情况下，邯钢仍实现了销售收入11 5.24亿元、利润5.5亿元的佳绩，令同行业惊叹不已。

企业界的人都知道利润＝收入－成本这个最简单的公式。但这个公式看似简单，却蕴藏着企业生存和财富的全部秘密。这个公式就是企业的生存公式，小于零意味着失败。那怎样让它大于0甚至越来越大呢？

唯一的办法当然是降低成本，但是在这样一个竞争白热化的时代，降低成本谈何容易！最好的办法只能是从内部节俭。

比如福特公司从原料采购、加工制造、出货交货各个环节采用倒推式核算，看能否进行节约。例如，以前汽车的座椅套是由 3 块布拼起来的，全部做完需要 3 个工人，运用全面成本管理的办法后，只需 1 块布和 1 个工人。这个改进使得每辆车大约节约 30 美分，而福特公司每年有 680 多万辆的产量，积少成多，节约的成本就很可观了。1997 年福特公司节约了 30 亿美元，1998 年也达 20 亿美元。福特的销售额不是第一，但能够连续多年成为盈利最多的公司，其利润很大一部分就来自于节俭。

实际上，许多杰出的公司都在这样做。

当赫伯特·海纳接任阿迪达斯总裁时，他烧的三把火之一是取消这个运动用品集团的德国总部供应的免费饼干。在纽约，施罗特·萨洛门·史密夫·巴雷(Schroder Salomon Smith Barney)的投资银行家最近收到一份内部通告，要求不要请外面的公司设计向客户演示的幻灯片，还要求取消订阅杂志和不要用酒店电话而用电话卡的各种指示。在 EXcite@home，苏打水曾免费供应，但一月份开始每支要 25 美分。同时该互联网门户原本每周一次的雪糕聚会变成两周一次。

大投资银行高盛集团取消免费水果每年节省 240 万美元，美国航空公司从头等舱供应的每份沙拉去掉一根橄榄枝，从而节省了 10 万美元。

节源措施略进一步可产生更大效果。英特尔总裁巴莱特发出一份内部通告，警告员工：公司打算减少可随意支配的开支三成，减少出差、加班、搬运和咨询成本，同时推迟兑现向所有员工提供一台免费家庭电脑的承诺。

但是企业的成本不会自动下降，它是企业长期艰苦工作和自始至终重视成本的结果。捷蓝如此，“零售大王”沃尔玛、戴尔以及另一家折扣航空公司——美国西南航空也是如此。沃尔玛之所以有今天，是因为它长期以来对高效率物流系统的不懈努力，它历经 30 年而建成的中心辐射式商品流通体系就是一个很好的例子。戴尔之所以有今天，与它长期以来对流程管理的不懈追求以及强力打造低成本配件供应与装配运作体系密不可分。而美国西南航空公司之所以迅速崛起，是因为它长期以来对顾客价值的忘我关注，找准市场空缺，定位于短途航线顾客的需求，不断挖掘可以节省的环节，从而建立起与众不同的成本优势。

由此可见，众多在成本领先战略上获得巨大成功的企业，无一不是得益于他们对节俭长期不懈的追求。对于成功企业如此，对于那些普通的企业来说，更是如此。因为，利润不仅来自于企业创造的价值，同样来自于企业节俭的成本。在竞争激烈的今天，利润的多少其实更多地取决于企业节俭的多少。扬子江药业集团的成功就揭示了这样一个秘密：

从上世纪80年代起，一个名不见经传的乡镇企业成长为中国药业巨子，扬子江药业集团创造了医药企业在改革开放时代飞速发展的神话。

连续多年高速发展的扬子江药业，无疑已经积累起了雄厚的经济实力，但“艰苦创业，勤俭办厂”的节约意识仍深深植根于扬子江人灵魂的深处。仅2005年1～8月，扬子江药业集团通过各种手段降本增效，累计节约资金7289万元。

扬子江药业集团董事长、总经理徐镜人说，建设节约型社会，需要我们长期努力，更需要我们坚持节约的理念，把节约始终贯穿于企业决策、生产、经营、管理的各个环节和细节中。“家底”厚实起来后，扬子江药业开展了一项名为“三节”的活动，即节约每度电、每滴水、每张纸。按照规定，夏天，环境温度在30摄氏度以下，办公区原则上不开空调，若开空调必须同时关闭门窗，下班后立即关闭空调，并要关闭电灯、复印机、开水炉、计算机主机和显示器，避免“人下班，机照开”的现象，并杜绝“白昼灯”、“长明灯”。为进一步推进无纸化办公，节约纸张和通讯费，该集团规定，除涉密文件外，其他文件尽可能通过OA或邮件系统传送，能不打印的尽量不打印，如确需打印，要双面打印，对不重要的材料提倡用单面废纸打印。通过这项活动的开展，企业员工养成了人人节约、从点点滴滴做起的好习惯。

业务招待费、车辆费、电费这三项是企业成本费用管理的难点，扬子江以此为突破口，采取有效措施，将三项费用逐步降了下来。业务招待费实行预算分解，总额包干，不得超标准使用招待费，一般来客尽量安排食堂就餐。严格控制车辆的使用，以减少油耗，采取车辆油耗与行车里程挂钩考核的措施，提倡联合派车制度，要求除特殊情况外，车辆不放单程，同时严格控制车辆修理费，凡是修理费超标的，必须经过审批后才能予以修理。

聚沙成塔，集腋成裘。注意每一个环节的节约，堵塞每一个浪费漏洞，仅 2005 年 1～8 月份，该集团各项管理费用节支总额达 900 余万元。

扬子江人已经意识到，建设节约型企业，既是扬子江义不容辞的社会责任，也是企业转变增长方式，增强核心竞争力的根本要求。为此，生产线积极组织开展以"技术创新、工艺革新、降本增效、提高质量、确保效益"为主题的降本增效活动，挖掘技术创新潜力，达到降本节支的目的。

仅 2005 年年初，制造部与各生产车间及辅助生产部门，围绕技术创新、降本增效、提高劳动生产率，列出了 40 多项技改项目，同时排出技术攻关的时间进度表，确保技改落到实处。集团印刷厂将说明书尺寸缩小 50％，使印刷效率提高近一倍，在印刷成本上每月节约 15 万元，每年大约可以节约 180 万元。头孢三苯车间通过优化头孢克洛缓释胶囊和去氧氟尿苷片生产工艺，使生产周期由 25 天缩短至 15 天，成品率提高 60％，每批产品为企业节约 5.38 万元。在盐酸头孢他美脂片的生产过程中，技术人员通过对历史数据的分析，以及对制粒终混过程中参数的优化，更换制粒用筛网，降低了压片过程中产生的废片，成品率由原来的 110 件/批上升至 118 件/批，全年可为企业节约 12.5 万元。合成车间通过提高原料药依帕司他有关物质一次性合格率及苯磺酸氨氯地平、醋氨已酸锌的得率，使得物耗成本分别下降了 22.2％、9.57％和 12.7％。输液车间原来使用的是 0.59 元/只的进口丁基胶塞，后经技术攻关，改用价格为 0.39 元/只的国产胶塞，每月可为企业节约成本 18 万元，全年可节约 216

万元。

积极开展QC小组攻关活动，是生产线降本增效的又一重要途径。围绕稳定产品质量、降低消耗、工艺技术创新等课题，该集团活跃在生产线上的12个QC小组常年开展技术攻关，成效卓著，仅今年就有8个QC成果获全国一等奖。单成本节约一项，通过QC攻关3年已累计为企业创造效益5000余万元。

严格的管理带来了明显效果，仅2005年1～8月份，审计科通过招标谈判，工程项目核减，物资采购核减，累计为企业节省资金4509万元。

面对粮食、农副产品、石油能源等物资价格的不断上涨，扬子江药业集团供应部门本着降本增效的节约原则，进一步完善信息查询途径，充分利用网络资源，加强市场调研，加大招标、议标、竞价采购的工作力度，2005年1～8月份采购物资1.68亿元，原辅料、药材与去年同期最低价格相比，为企业节约采购成本638万元。

可以看出，扬子江药业的飞速发展，是与他们的节约理念密不可分。节约就是创造效益，对企业而言，每一个员工能牢固树立起开源节流、节能降耗的意识，在日常工作中养成节约的好习惯，就是为企业创造了效益。

其实人们谈到成本时，只把眼光放在会计人员、数字表格和成摞的账簿上。这是十分可笑的，节俭应该是每一名员工必备的品质。每一名员工都应该在控制成本中有所作为。每名员工都应该问问自己："在我制作的产品中，我对降低它的成本做得如何？"如果组织中每一个人这里节省一点，那里节省一点，那么，在一个月后，就会对它们产生的大效果感到惊奇。所以，注重细节，精打细算，讲究节俭，严格管理，树立"以成本为中心"的观念应该是每一名员工的必备品质，也是每一位员工都可以为之尽力的事情。只要每一位员工都能以高度的责任心和勤俭节约的态度来对待我们的工作，成本当然是可以不断地压缩再压缩节省再节省的。

要知道，那些通过企业内部节俭，进而在成本领先战略上获得成功的企业，它们的成功不是来自一朝一夕的行为，而是来自于它们日复一日地对降低成本做出不懈的努力，来自它们企业自上而下每一个人年复一年坚持不懈的节俭。

让我们看看一名员工在实际中对于节约成本如何起作用吧：

李明在工具室已经工作很长时间了。时间快到下午6时20分，李明虽然累了，但他仍然坚持把自己的工具清洗干净，做好养护，从而避免工具的破损。

一位工厂机械车间的工长王进，在他面前放着一张关于领取工具的申请表。他正在仔细审阅这张申请表，详细询问为什么要这样多，以前什么时候用过多少这些东西，他还审阅了所需这些东西的质量。他的认真和仔细使领取的工具都能物尽其用，不至于浪费。

打字间的年轻打字员，在她回家之前，她关掉了打字间的灯、空调、饮水机及其他不必要的电源插头。

油漆车间的工人张刚，他注意不用公司的压缩空气去清洁自己的自行车。

……

这些似乎都是小事，但却会对企业的成本产生很大的影响。如果每一位员工都做到节约了，那么成本就能有效地降下来，反之，如果员工们都没有成本意识，而是对这些小事马虎而过，那会给企业增加多少成本？

成本存在于每一个工作的细节中，与每一个岗位每一个员工都密切相关，降低成本，正是广大员工大显身手大展拳脚的地方。有人会问："我能为企业降低成本做些什么呢？"

答案很简单，就是从我做起，从自身岗位做起。

无论你在哪一个岗位，做什么样的工作，都应该时刻保持成本意识，配合公司的利润增长目标。如果你能帮助企业和老板搞一个大规模的增收节支计划更好，如果不能，那你不妨从下面的一些无处不在的小事做起。

(1)车子跑一趟可以办一件事，也可以把几样事情妥善安排，车子出门可以同时办很多事情；

(2)使用过的纸张，非重要的文件反面还可以使用，文件资料的打印或复印文件时不留超出需要的不必要的备份；

(3)能用网络 E-mall 解决的不打长途电话，能电话解决的不出差；

(4)在一定的时间内完成工作，决不拖延时间；

(5)随手将水龙头关掉、关紧；

(6)休息时间把灯光关掉；

(7)空调机没有超过一定的温度不予使用；

(8)掉在地上的物料随时捡取；

(9)在一定时间里可以完成的工作，就在一定的时间里完成，不可拖延。

上述的很多事情看起来微不足道，对整个企业大局影响不大，但是一个员工如果没有最基本的成本意识，便不易培养减少浪费、改进工作的动机。

除了在岗位节约，还要注意提高工作的效率，效率高费用少，提高效益也就是在降低成本。

在我们这个时代，多的是“忙人”。他们每天急急忙忙地上班，急急忙忙地说话、急急忙忙地做事，可到月底一盘算，却发现自己并没有做成几件像样的事情。他们往往以一个“忙”字作为自己努力的漂亮外衣。却没有想到，这种忙，不客气说，只能是“穷忙”、“瞎忙”，没有给自己和单位带来效益。

那么，如何提高工作效率呢？下面是效率专家博恩·崔西给出的答案：

(1)凡事分清轻重缓急，设定优先顺序。把事情按先后顺序写下来，制定一个进度表。在你开始每天、每周、每月甚至每年的工作之前，一定要清楚在这期间你要做的最重要的事是什么，并把它清清楚楚地列出来。这样的工作才是最有效的。凡事都有轻重缓急，重要性最高的事情，应该优先处理，不应该和重要性最低的事情混为一谈。

(2)全心投入工作。当你工作时，一定要全心投入，不要浪费时间。不要把工作场所当成社交场合。

(3)工作步调快。养成一种紧迫感，一次专心做一件事，并且用最快的速度完成，之后，立刻进入下一件工作。

(4)专注于高附加值的工作。聪明的员工会想办法找出对达成工作目标及绩效标准有帮助的活动,然后投入最多的时间与精力在这些事情上面。投入的时间越多,每分钟的工作效率就越高,工作绩效也就越高。

(5)熟练工作。工作越纯熟,工作所需的时间就越短;你的技能越熟练,工作效率就提升得越快。

(6)集中处理。一个有技巧的工作者,会把许多性质相近的工作或是活动,例如收发电子邮件、写信、填写工作报表,等等,集中在同一个时段来处理,这样比分开处理,节省一半以上的时间。

(7)简化工作。尽量简化工作流程,将许多分开的工作步骤加以整合,变成单一任务,以减少工作的复杂度。

(8)比别人的工作时间长一些。早一点起床,早一点去上班,避开交通高峰;中午晚一点出去用餐,继续工作,避开排队用餐的人潮;晚上稍微留晚一些,直到交通高峰时间已过,再下班回家。如此一天可以比一般人多出 2～3 个小时的工作时间,而且不会影响正常的生活步调。善用这些多出来的时间,可以使你的工作效率加倍。

5. 做节约型员工,让节俭观念根植于心

为企业节约每一分钱是每一位员工的责任,也是企业对每一位员工的基本要求。每一位员工都应该视节约为己任,把节俭的观念深刻于心,在每一个细节中为企业节约,做降本增效、节能减排、低碳经济的标兵。

有一位企业家曾经说过一句名言:“降低成本不需要技巧只需要决心。”此话虽然不一定放之四海而皆准,但至少告诉我们一件确切的事:态度比手段更重要!要从根本上降低企业的成本,甩掉企业庞大的成本包袱,轻装前进,提高利润,需要的正是每一位员工对待成本的态度、降低成本的决心和深植于心的节俭观念。

有一家叫昌达的商贸公司,经理姓李,他的公司主营业务是小商品批发,尽管表面上生意兴隆,但每年到年终一结算,总是不盈不亏,利润很少,连续好几年都是这样。几年下来,不但公

司规模没有扩大，公司的运转资金也变得紧张起来。李经理左思右想也想不出公司盈利能力不强的原因所在。于是他决定降低经营成本，想通过节省开支盈利，但却又想不出如何节省开支的好办法。

李经理眼看着同乡林经理创办的智达商贸公司生意却是越做越大，几年下来分公司都开了好几家，对比一下自己的公司，同样是经营小商品批发，但是差距怎么就越来越大？李经理百思不得其解，他决定亲自向林经理请教生意经。

因为是同乡，平时关系也不错，林经理就把他的生意经讲给了李经理听。

原来，智达公司在全体员工的共同努力下，对公司商品流通的每个环节都实行了严格的成本控制。智达公司到厂家运货的运货车不是每次都能装满，公司便将剩余的运力转化为其他公司托运货物，这一措施成为了智达公司的额外收入，几年下来，托运费就赚了将近60万元。

针对采购进货减少库存这方面，智达公司的采购人员采购货物时严格以市场需求为标准，使存货率降至同行最低，每年大约节约货物贮存费5万元，这样累积下来将近20万元。

另外，智达公司又想到了一个既省钱又能赚钱的办法，公司与供应商签订包装回收合同，对于可以重复利用的包装用品，等到积攒到一定数量后利用公司进货的车辆运回厂家，厂家以一定的价格再回收，这项收入每年能收益2万元。

智达公司为出差人员制定严格的报销标准与报销制度，尽管标准比别家略低，但公司规定可以在票据不全的情况下按标准全额支付差旅费，该项措施为公司每年节约近5万元。

在严格的成本控制下，不但公司节约了可观的资金，也培养了员工的成本节约意识，倡导节俭、反对浪费已经成为一种风气……

听完林经理的一番讲述后，李经理很是佩服，他很佩服智达公司的经营智慧，靠令人叫绝的智慧硬是生生节约并创收出了很大一笔资金。

有节俭观念和没有节俭观念，产生的结果是截然不同的。多做一点点，多节俭一点点，并不需要花费很多时间，也不需要多强的专业技能，只是需要更多的忠诚和认真，更多的自觉和主动。

节俭也是需要用心，需要智慧的。有智慧的节俭必然比无所用心的节俭具有更大的效益。

一个衣着光鲜的犹太人走进一家银行，从容地走到贷款部。经理热情地接待了他。

“先生，我能为您效劳吗?”

“我要贷款。”这个犹太人回答说。

“当然可以，但是请问您用什么担保呢?”

犹太人从豪华皮包里取出一大堆股票、债券等，放在写字台上。

“总共是60万美元，够不够?”

“那得看您想贷多少钱了。“

这个犹太人回答:“我只贷1美元。”

“1美元?”经理诧异地问道。

“嗯，1美元。不可以吗?”

“可以，可以，并没有谁规定不能只贷1美元。不过，您有60万美元的抵押，完全可以多贷一点。您是不是需要考虑一下，您真的是只借1美元吗?”

“不用考虑了，我真的只需要1美元。”犹太人跟着经理办完了手续，从经理手中接过1美元。

“贷款利率为0.6%。1年后归还贷款、支付利息后，我们就会把股票还给您。”经理说。

“谢谢。”

犹太人走后经理陷入了困惑，他不明白这个犹太人为什么会用价值60万美元的财物去抵押区区1美元。其实，那个犹太人真正的意图并不是贷款，而是为了把他的巨额财产寄存在银行里。因为在美国银行寄存财物是要交保管费的，寄存60万美元所需的保管费非常高。但是,采取贷款抵押的手法,却只要花一点点利息——1美元的0.6%的贷款利息,就把60万美元的财物寄存在银行里了,这样的精明可能也只有犹太人想得出来。但是你不得不承认这是一个最保险而且最节俭的方法。一大笔保管费就这样被他脑筋一转,省掉了。

可见节俭也是需要智慧的,只要多动脑筋,就能把每一分钱的作用都发挥到最大。要想通过节俭取得更好的效果,肯定得多动脑筋,多思考,带来的效益肯定比机械地节省要多得多。

在产品应用层面,海尔的智慧创新是与众不同的。据了解,在海尔洗衣机本部,所有技术的积累都会形成模块的形式。

比如在研发中心,专门有一个模块库,把一些可以做成标准化的部件整合起来,形成模块,然后由专门的模块经理负责,不仅把新的技术放进去,而且要不断更新旧的模块,这样,以后的产品研发开始前,首先要看一看模块库里有没有可用的现成产品,如果没有专利障碍的话,就可以节省一些步骤,直接进入改进阶段。

海尔实行模块化带来的显著好处是降低了生产成本。洗衣机的花色品种非常多,多样化带来的直接结果就是成本不好控制,不仅包括材料成本、制作成本,还有产品的效率,产品多了,带来的问题也多,而模块化恰好是一个良好的解决方案。在海尔实行模块化之前,海尔洗衣机本部的零部件种类大约在24000~26000件之间,在实行模块化之后,海尔估计只需要的零部件种类在3000~5000件之间。

一些用户可能需要一款洗衣机,洗完的衣服马上就能穿。于是就有了衣干即停洗衣机的研发计划。而这样一款洗衣机,实际上是整合了烘干机和洗衣机的功能。然而,不同的地区湿度不同,洗衣机在烘干到什么程度停下来则是个问题。如果所有洗衣机的烘干程度都是相同的,显然不能适应不同地区人们的需求。

于是,海尔工程师就在机器桶内加入了一个湿度感应器。

当感应器达到一定的刻度，洗衣机就会停止运转。这样既保护了衣物不被过度地磨损，又节约了电能。这种感应器其实并不是海尔自有技术研发的结果，而是已经在市场上普遍存在的。因此，利用起来的成本较为低廉。海尔只不过是将这种现有的技术整合到自己的产品中来，从而创新出一种新产品来满足消费者的需求。

对于每一个员工而言，节俭不仅要作为一种生活方式，更要作为一种工作态度，要把节俭观念牢记于心，做一个节约型的员工。

员工的勤俭节约对于企业至关重要。什么是勤俭？勤就是勤劳，俭就是节俭。财富的积累正是勤加俭的结果，勤和俭，缺一不可。员工的勤劳努力虽然可以为企业创造盈利，但是如果不懂节俭，挥霍浪费，就算企业做得再成功，到最后也只能是和三株一样的结果。所以，除了员工的勤奋工作外，还必须要有节俭意识，把勤俭作为工作态度，把公司当成自己的，懂得当用则用，能省则省，这样才能够积累财富，保持企业的兴旺和辉煌。

积小成大，积少成多，每一个员工都养成勤俭的习惯，有勤俭的工作态度，时刻想着怎样才能为企业降低成本，减少浪费，使用企业财物时，尽可能地减少各种损耗；与客户谈判时，尽全力替企业压低各项成本；经营项目时，尽量做到用最少的投资，获取最大的经济效益，那将是多么大的一股力量，将会为企业增加多少的利润！

在 2003 年度《财富》500 强中，曾有一个有趣的现象：以营业收入计算，丰田公司排在第 8 位，但是以利润计算，丰田公司却排在第 7 位。数据显示，2003 年丰田公司的利润总额远远超过美国三大汽车公司的利润总和，也比排在行业第二位的日产汽车的 44.59 亿美元高一倍多。

丰田公司的巨额利润中就有很大一部分是由公司员工自觉节省下来的。丰田公司的厉行节俭全球有名，丰田公司的每一个员工都把勤俭节约作为最基本的工作态度。举个简单的例子：丰田公司的员工很在意组装流水线上的零件与操作工人之间的距离。如果这一距离不合适，取件就需要来回走动，这种走动就是一种浪费，要坚决避免。另外，丰田公司还有一个特别的地方：整个流水线上有一根绳子连动着，任何一个员工一旦发现“流”过来的零件存在瑕疵就会拉动绳子，让整个流水线停下来，并将这个零件修复，绝不让它进入下一个工序。

在丰田，每一个员工都有高度的为企业节俭的意识，并且千方百计为企业节省。一名设计师在设计汽车门把手时发现，原来的汽车门把手零件过多，这样一来就会增加采购成本。于是他利用晚上的时间对门把手进行了重新设计，结果把门把手的零件从54个减少到5个，这样一来，采购成本节约了40%，安装时间也节约了75%。

丰田公司的成功正是因为每一位员工都把勤俭节约作为工作态度，努力工作，厉行节约才取得的。其实对于所有的公司都一样，只要所有的员工都把勤俭节约当成工作态度，自觉行动，养成艰苦朴素，勤俭节约的良好风尚，把这种勤俭的态度节约的习惯体现在员工的每一个工作之中，企业何愁不兴旺？员工也可以从节俭中找到自己的人生舞台，实现自己的人生价值。而且有许多地方评选劳模的标准已经加上了节能降耗这一条。节约型员工处处都受欢迎。

低碳经济是每个人的事，节俭是每个人的事，每个员工的事。只有把节俭、低碳的观念植根于心，才能时时处处在节俭中。对一名机器操作员来说，工作职责就是要保证机器正常运转。机器一旦停止工作，就会产生未被使用的时间。而“未被使用的时间”的成本可能就是一笔很大的数目，因为这台机器在没有工作、没有生产产品时，所有关于这台机器的支出就会加到它生产出来的产品的成本上。所以，你要坚守岗位，安全操作，规范操作，把节俭意识融入到你操作机器的过程中去，这样才会真正地做到低碳、节俭。

所有的员工都要争做节约型员工，都应该树立节俭意识，提倡节俭办公的理念，能够时时想到为公司降低成本，提醒自己减少浪费，在工作中，养成为公司节省每一分钱、每一张纸、每一度电、每一滴水的好习惯，将节俭办公的理念落实到每天的具体工作中，从自我做起，从点滴开始，为公司的飞速发展和快速壮大贡献出自己的所有力量。

第五章　打造窗口，展现风采，文明服务，员工大有作为

文明服务、微笑服务、优质服务，打造优质服务窗口，不仅是企事业单位形象建设的重要内容，也是广大员工发挥自我才能，展示企业形象的重要平台，提高服务质量、改进服务手段、创新服务内容、端正服务态度、改善服务环境，都是员工展现风采、创造业绩的广阔天地，每一个员工都可以大有作为。

1. 恪守职业道德，规范文明用语

任何一种职业都有自己的职业道德，每个行业，都有自己的行业规则，都有自己的一种职业道德。“盗亦有道”，算得上是给职业道德下了一个最醒目的注脚——强盗都有自己的职业道德，有自己的基本素质要求，遑论其他？

每一个职业、每一个岗位、每一份工作、每一个员工，都应该有自己的职业道德。不管从事什么职业，也不管能力、职位及成就的高下，对于基本职业道德的要求是一样的。所谓职业道德，就是同人们的职业活动紧密联系的符合职业特点所要求的道德准则、道德情操与道德品质的总和，它既是对本职人员在职业活动中行为的要求，同时又是职业对社会所负的道德责任与义务。简单点地说，就是在所从事的职业范围内必须遵守的规范。

对于服务业而言，职业道德更是体现在员工的一言一行、一举一动之中。

比如税务服务窗口，倡导热情服务，礼貌待人，不讲忌语，马上就办，职业道德的总要求是：热爱税收、依法治税、廉洁奉公、文明征收。

公安系统职业道德规范总的要求是对党忠诚、服务人民、秉公执法、清正廉明、团结协作、勇于献身、严守纪律、文明执勤。

工商行政管理部门的职业道德规范，是工商行政管理道德原则对工商行政管理人员的行为提出的具体要求。具体概括为：忠于职守，遵纪守法；清正廉洁，不谋私利；秉公执法，不徇私情；文明管理，以理服人；高效服务，勤政为民。

教师道德规范主要包括以下内容：忠于职守，教书育人；热爱学生，诲人不倦；以身作则，为人师表；严谨治学，勤于进取。

交通职业道德的主要规范是：热爱本职，尽心尽责；安全运输，保证畅通；尊客爱货，文明服务；遵章守纪，廉洁奉公；服从全局，团结协作；艰苦奋斗，勤俭创业。

特别是对于一些重要的窗口行业，讲究文明用语，推行文明服务特别重要。下面简略介绍一下各行业的文明用语和忌语。

税务窗口服务的文明用语：

1. 您好！
2. 请坐。
3. 谢谢配合！
4. 请稍候。
5. 对不起，让您久等了。
6. 没关系。
7. 请出示您的纳税申报表。
8. 请把税单拿好。
9. 电脑正在工作，请稍等。
10. 请把税单号码写清楚。
11. 定额定率不清，请向户管员查询。
12. 请到户管员处做录入凭证。
13. 请在申报表下方填上户管员名字。
14. 申报表数字计算有出入，请复核后再申报。
15. 请收好完税证。
16. 请核对好发票号码。
17. 这些业务不属我局管辖范围，请到××局办理。
18. 再见！

税务窗口的服务忌语

1. 不知道。
2. 喊什么，等会儿。
3. 没看我正忙着吗，着什么急。
4. 不要啰嗦。
5. 快下班了，你快点儿。
6. 后边等着去。

7. 我就这态度。

8. 刚才和你说过了怎么还问?

9. 有意见,找局长去?

10. 你问我,我问谁?

11. 我不管,少问我。

12. 有能耐你告去。

13. 有完没完。

14. 快点儿,你快点儿!

15. 不告诉你了吗,怎么还不明白?

16. 我有什么办法,就这规定。

17. 怎么办? 墙上有,不会自己看。

18. 我解决不了,你愿意找谁就找谁去。

19. 现在才说,早干嘛去了。

20. 唠叨什么呢?

工商行政管理系统文明用语

1. 请您出示营业执照。

2.(出示检查证)我们是××工商局来执行检查任务,请您配合。

3. 请您到××窗口(部门)去办理登记手续。

4. 请您×月×日来领取证照。

5. 维护个体私营业者的合法权益,是我们工商行政管理人员义不容辞的责任。

6. 请您到指定地点经营,工商行政管理部门会保护您的合法权益。

7. 请您交纳市场管理费。

8. 对不起,我处不办理商标注册手续,请您到事务所去办理。

9. 根据《广告法》规定,此类内容的广告不得刊播、设置和张贴。

公安系统文明用语

1. 在接待来访者时，态度热情，主动招呼："您好，请坐。""请喝水。""您有什么事需要我们帮忙。"

一时不能接待，要表示歉意："对不起，请稍等。"

来访者提问时，要及时热情解答。当来访者离开时要有送声："请慢走。""再见。"

2. 接电话时，应主动说："您好，××单位。"必要时可主动告知自己的姓名。通电话完毕应有送声："再见。""谢谢。"

3. 在接触群众时，对年长者可称"老大爷"、"老大娘"；年龄与己相仿的可称"同志"；对少年儿童可称"小朋友"、"小同学"；对外国人和港澳台同胞可称"先生"、"小姐"、"女士"等，在特定环境下，如已知对方确系违法犯罪人员，可直称其姓名。

4. 当群众来反映情况时，要有迎声："（称呼），欢迎您来反映情况。"同时提醒："请您把时间、地点、有关人员和事情的经过，如实详细地讲一遍。"

5. 到居民家中办事时，应先出示证件，并说："您好，打扰你们了，我们有事要麻烦您一下。"办完事后，要说："谢谢。"

6. 进入企事业单位检查工作时，应先出示证件，并说："您好，请你们支持，我们是来检查工作的。"事情办完后，应说："谢谢你们的合作。"

7. 晚间因执行公务而进入居民家中时，要先轻轻敲门，自报身份、姓名，当对方允许进屋时，要表示："对不起，有点公事，请您协助。"办完后表示："谢谢您的合作，打扰您休息了，再见。"

8. 检查可疑人员和清查公共场所特种行业时，要先出示证件，言明身份，说明情况："（称呼），我们是人民警察，正在执行任务，请您出示证件。"

若是清查旅店客房，应说明来意："旅客们，现在打扰一下，今晚检查旅店，请大家协助一下，把证件准备好，以便查验。"检查完毕时说："影响大家休息了，谢谢各位的支持。"

9. 询问证人时，态度要和蔼："（称呼）. 请您来主要核实一下有关情况，请您如实地向我们提供，这也是公民的义务，请协助。"做好笔录后应说："请您过目，如属实的话，请您签字。谢谢。""谢谢您，打扰您了。"

10. 询问被害人时，要表示同情和关心："（称呼），对您所受的侵害，我们表示同情。为尽快查到违法犯罪人员（或证实犯罪），请您详细谈谈事情发生的时间、地点和经过。要真实、准确。"

11. 在拦车检查时，先敬礼，说明情况："对不起，请出示您的证件。"若没有发现问题，要说："请继续行车。"接待违章受罚者时，要有迎声："（称呼），请将罚款单据给我。"办完后提示："请到××工商银行交款。"

12. 在处理交通肇事时，对肇事双方先安慰："请大家冷静下来，协助我们尽快把事故查清。"讯问时说："请您讲一下事故发生的经过。"当对方说完后，可说："请允许我向你们提问。"查清后按有关规定宣布处理决定。如果有不同意见，耐心听取陈述，并作记录。如果没有意见，可说："请履行手续。"

医护人员的文明用语

1. 请，您好！

2. 再见，谢谢您！

3. 对不起，请稍候。

4. 祝您早日康复。

5. 请您保管好病历。

6. 请再说一遍好吗？

7. 请问您哪儿不舒服？

8. 请您好好配合治疗。

9. 别着急，您慢慢说。

10. 在病房请不要抽烟。

11. 您今天感觉好些了吗？

12.请稍等，我马上给您看。

13.您请拿好药，慢走。

14.请您别忘了按时服药。

15.不用谢，这是我应该做的。

16.请放心，我们会尽力为您治疗。

17.对不起，请让这位急诊病人先看。

医护人员服务忌语

1.嘿！老头子。

2.老太婆，你吃饱了撑的呀！

3.跟我无关，问别人去。

4.听见没有，您耳聋啊！

5.我就这态度。

6.有意见，找院长去。

7.有能耐你告去，我才不怕。

8.二百五，字都不会看。

9.这是医院，不是你家。

10.跟你说过，怎么还问。

11.我解决不了，找别人去。

12.叫什么，打针哪有不痛的。

13.交钱，快点。

14.没看见我正忙着吗？

15.着什么急。

16.没零钱，自己换去。

17.还不懂，真是傻瓜。

18.越忙越添乱，真烦人。

19.为什么不提前准备好。

20.你有完没完。

21.药袋上写着，你自己不会看？

22.要下班了还来看病？

23. 没带钱，还想看病？

24. 你问我，我问谁？

25. 怕啥？流点血没关系。

金融行业文明用语

1. 请。

2. 您好！

3. 请稍等！

4. 请排好队！

5. 请多提意见。

6. 对不起。

7. 谢谢！

8. 再见！

9. 欢迎再来！

10. 请问您办理什么业务？

11. 请把凭证(条)××项填上。

12. 请您到××号柜台办理此项业务。

13. 请收好您的存折(单)。

14. 您的凭条(凭证)××项填写有误，请重填一下好吗？

15. 请出示您的身份证，谢谢合作。

16. 对不起，机器通讯线路出现故障，请稍等。

17. 对不起，让您久等了。

18. 对不起，让您跑了几趟。

19. 请您拿好铜牌。

20. 请把铜牌交回。

21. 凭条请用钢笔填写。

22. 请您把款清点一下。

23. 请签名，请对号。

24. 请问提款是多少？

25. 您的款项有误，请您重新清点一下好吗？

金融服务忌语

1. 墙上贴着呢，你不会看吗？
2. 不知道，我不懂。
3. 不是告诉你了吗，怎么还不明白？
4. 有完没完？
5. 哎，喊你没听见吗？
6. 没零钱，自己出去换。
7. 急什么，慢慢来，没看见我一直忙吗？
8. 后边等着去。
9. 您自己写错了，怨谁去，回单位写去。
10. 这是电脑算出来的，还能错？
11. 银行是国家的还能坑你吗？不信，回家请人算去。
12. 机器坏了，不能办理业务，到别处取钱吧。
13. 明天再来吧。
14. 我有什么办法，又不是我让它坏的。
15. 这是电信局的事，有意见找他们去。
16. 我怎么知道什么时间能修好？
17. 还没上班，出去等着去。
18. 有意见找领导去。
19. 我的态度就这样，你能怎么着？
20. 有意见箱，你写意见去。
21. 愿上哪告上哪告。
22. 别进来了，该下班了。
23. 结账了，不办了，怎么不早点来？
24. 不是给你说了吗，怎么还问？
25. 不行，机器忙着呢。
26. 天天查，烦死人。
27. 没看见牌子吗？
28. 怎么填的，重填。

29. 怎么搞的，错了。

30. 急什么，等着。

31. 自己找，不是我的事，找其他柜去。

32. 我也没办法，等着。

33. 我不清楚，你以前怎么办的？

34. 上面怎么要求怎么填。

35. 我这边不收款，到那边去。

36. 不能换，假的就是假的。

37. 还能坑你吗？

38. 怎么来这么晚，都下班了。

邮电系统文明用语

1. 您好。

2. 请问你要办什么业务？

3. 请稍等，我马上就给您办。

4. 对不起，稍候告诉您。

5. 对不起，您写错了，请换一张。

6. 对不起，你有零钱吗？

7. 请您打开包裹，让我检查一下。

8. 对不起，您还缺××，请补齐后再来。

9. 对不起，按××规定应该……请原谅。

10. 对不起，我再说一遍。

11. 对不起，请到服务台（咨询台）查问。

12. 对不起，我不清楚这事，可以帮您问问。

13. 您别急，我会帮您办完再下班。

14. 对不起，正在交接班，请您稍等一下。

15. 刚才我说话急了，请原谅。

16. 您有什么意见和要求请提出来，谢谢。

17. 请您放心，我们一定帮您查清楚。

18. 请原谅，耽误您的时间，谢谢。

19. 欢迎您多批评。

20. 我们做得还不够，欢迎您指点。

铁路行业文明用语

1. 老大爷(大爷)。

2. 老大娘(大娘)。

3. 先生(小姐)。

4. 同学(小同学，小朋友)。

5. 首长。

6. 旅客们(这位旅客，各位旅客)。

7. 您好，谢谢！

8. 谢谢您的配合(合作)。

9. 请您协助一下。

10. 请您听我解释。

11. 您有什么事，请讲。

12. 您有什么困难，请告诉我。

13. 让您久等了。

14. 请原谅。

15. 请稍候。

16. 请不要客气。

17. 请您多提意见。

18. 请您批评指正。

19. 欢迎光临(欢迎您乘车)。

20. 再见！

21. 请您走好。

22. 祝您旅行愉快！

23. 祝您一路平安！

24. 欢迎您下次旅行再乘我们的列车。

25. 请您出示车票。

26. 请您看好自己的物品，以免发生意外。

27. 请您协助我们保持好车内(室内)卫生。

28. 请大家互相关照一下。

29. 请您点好钱。

30. 请大家排好队,按顺序进站(上车)。

31. 打扰您了。

32. 麻烦您了。

33. 您有什么困难,请不要着急,我们尽力帮助解决。

34. 很抱歉,我们马上改正(改进)。

35. 对不起,请让一下(借光、劳驾)。

36. 请您先过。

37. 请您到××处办理××手续。

38. 请不要在车厢(候车室)内吸烟。

39. 对不起,我没听清楚,请您再说一遍。

40. 请您注意安全。

41. 这是不吸烟车厢,请您到通过台吸烟。

42. 请把果皮杂物放到茶桌上。

43. 对不起!

44. 对不起,请按顺序来。

45. 车上水箱容量有限,请大家节约用水。

46. 请您抬抬脚,别碰脏了您。

47. 不客气(不用谢),这是我们应该做的。

48. 请放心,我一定尽力帮您解决。

商业(饮服)行业文明用语

1. 先生、小姐、太太等,您好!

2. 您要买点什么?

3. 您需要什么?

4. 请稍等一下,我就来。

5. 不买没关系,欢迎随意参观。

6. 欢迎您光临。

7.请您多提宝贵意见。

8.这是您要的东西，请看一下。

9.您好！请多多关照。

10.您想看的是这个商品吗？

11.这是名牌产品，价格适中，一向很受欢迎，您可以看看。

12.这是刚到的新产品，您看看吧！不买没关系。

13.如果需要的话，我可以帮您参谋一下。

14.对不起，您要买的品种已经卖完了，这是新品种，您看看吗？

15.您回去使用时，请先看一下说明书。

16.我给您拿出几种看看好吗？

17.货款是×××钱，请您核对付款。

18.您买的东西共计×××元，收您×××元钱，找您××元钱，请点一下。

19.您的钱不对，请您重新看一下。

20.请您到收款台去交钱。

21.这是您的东西，请拿好。

22.请您点清件数，我给您包装好。

23.真不巧，您要的商品刚卖完，过两天会有，请您抽空来看看。

24.这种商品暂时缺货，方便的话，请您留下姓名及电话号码，货到马上通知您，好吗？

25.对不起，我们商店不经营这种商品，请您到其他商店看看。

26.这种可以吗？如不合适，我再给您拿别的。

27.对不起，让您久等了。

28.对不起，让您多跑了一趟。

29.我可以将您的意见向领导反映，改进我们的工作。

30.您提的意见很对，我们搞错了，向您道歉。

31. 对不起，这个问题我解决不了，请您稍等一下，我请示一下领导。

32. 对不起，都是我们做的不好，请您多谅解。

33. 对不起，给您添麻烦，您有什么要求，请告诉我，我帮您解决。

34. 请原谅，耽误您时间了，谢谢！

35. 这件事是我们的责任，您不必着急，我们一定会处理好，请您谅解。

36. 实在对不起，这件商品已经使用过了，又不属质量问题，影响了二次销售，不好再卖给其他顾客，实在不好给您退换。

37. 同志，您提出的问题很特殊，咱们一块商量一下好吗？

38. 同志，实在对不起，由于我工作马虎，忘了收您的钱，请您回忆一下，麻烦您了。

39. 同志，您先挑着，不合适我再给您换。

40. 您慢慢选，我过去接待那几位顾客就过来。

41. 同志，请稍候，我马上就过来。

42. 请您就近挑选，别将商品拿远了，希望您能理解。

43. 对不起，这种商品很畅销，刚好卖完。

44. 对不起，这种商品已售完，您若同意，我可为您提供同类商品。

45. 对不起，让您久等了，经过核实，我们没有少找给您钱，请原谅。

46. 对不起，今天人多，营业员少，拿太多商品出来一时照看不过来，先给你这件看看，不行我再给您换好吗？

47. 商品有毛病要处理，我不能作主，得请示领导，请您谅解。

48. 您的好意我心领了，我不能接受您的礼物，谢谢！

49. 谢谢，欢迎您下次再来。

50. 这是您的东西，请拿好，多谢！

这些都是岗口服务最起码最基本的文明规范。每一个员工都应当坚守的起码的职业道德。如果连这些基本的文明礼貌都做不到,那文明服务也就无从说起了。

所以,作为一个岗口服务人员,一定要常用文明语,杜绝恶语,控制自己的情绪,保持自己良好的服务态度,因为这都是文明服务的基础。

2. 诚实信用,用行动诠释承诺

人无信不立,商无信不兴。诚信自古以来就是立身之本,成事之本,立业之本,治国之本。在现代职场,诚信更是一个员工最起码的职业素质,是职场员工的立身之本立业之要。没有诚信,就不可能有发展,不可能有成功。

世界上最会赚钱、最富有经济头脑的公推为犹太人,犹太人最为看重的,也是诚信。

一个犹太商人在集市上,从一个阿拉伯人那里买了一头驴回到家,家里人一见非常高兴,就把驴牵到河边洗澡。恰好此时,驴脖子上掉下来一颗很大的钻石,光芒四射,家里人欢呼雀跃,认为这是上天所赐的礼物,当家里人兴高采烈地把这颗钻石带回家时,犹太商人却平静地说:“我们应该把这颗钻石还给那位阿拉伯人。”

家里的人不解,犹太商人严肃地说:“我们买的是驴子,不是钻石,我们犹太人只能买属于我们自己的东西。”于是把钻石送还给阿拉伯人。

阿拉伯人见到钻石很惊奇,对犹太商人说道:“你买了这头驴,钻石在这头驴身上,那你就拥有了这颗钻石,你不必还我了,还是自己拿着吧。”犹太商人回答道:“这是我们的传统,我们只能拿支付过金钱的东西,所以钻石必须还给你。”

两千多年来，大多数犹太人就是这样，经商的时候一定讲诚信。他们认为诚信经商是商人最大之善，所以在生意场上，他们最为看重诚信，对于不诚信的人，他们是无法原谅的。

诚信素质对一个人、一个员工而言，至关重要。因为诚信品质直接关系到一个人的前途和未来。

李嘉诚为什么能成为世界华人的首富？其实很大程度上是靠着“诚信第一、品格第一”的理念做到的。我们看看李嘉诚自己讲过的一个有趣的小故事就知道了——“20世纪50年代，我刚做塑胶花的时候，常在皇后大道中看到一个行乞的外省妇人，四五十岁，很斯文的样子，我每次都给她钱。一天，我问她会不会卖报纸，她说有同乡干这行，我便让她带同乡来见我，因为我想帮她做这小生意。在约好她的那天，有个客户刚好要到我工厂参观。客户至上，我必须接待。交谈时，我突然想到和她的那个约定，就赶紧说了句‘Excuse me!’便匆忙离开。客人以为我上洗手间，其实我跑出工厂，飞车奔向约定地点，好在没有失约。见到那妇人和她的同乡，问了一些问题后，就把钱交给了她。她问我姓名，我没说，只要她答应我一件事，就是要努力工作，不要再让我看见她在香港任何地方伸手向人要钱。

“事后，我又飞车回工厂，客户正着急，他说：‘为什么洗手间里找不到你。’我笑一笑，这事就过去了。”

作为一个商人，李嘉诚能对一个乞丐守约，而且一无所求，这就说明他不但讲究诚信，也是一个品格非常好的人，因此他能成为华人中的首富是在情理之中。中国有句古话说“无商不奸”，但当代最有钱的华商李嘉诚不但不“奸”，还是个人品诚实高尚的楷模。因此其实成功的真正绝招是诚信第一，品格第一！

对于一名想要成功的人来说，树立“诚信第一、品格第一”的理念是非常重要的。如果没有这个最基本的道德素质，不管你的本领多大，多么勤奋，都不可能建立起自己的事业，都不可能取得成功。只有投入才有回报，只有忠诚才有信任。

诚信是社会最基本的道德准则。国无信不坚，官无信不威，商无信不兴，人无信不立。一个人失去了诚信，心灵就失去了纯洁；一个官员失去了诚信，就不再有威严；一个企业失去了诚信，就失去了资源和市场；一个国家和民族失去了诚信，也就失去了尊严，最终将在国际上失去地位。所以，诚信不仅是个人的美德，是企业发展的生命线，更是一个国家和民族的尊严所在。

在服务行业，诚信的素质更为重要，因为在这一行，更能体现出诚信的价值和意义。

美国通用电气公司（GE）是世界500强之一，也是把诚信作为公司第一传统的一家公司（另外两个是注重业绩和渴求变革）。100多年来，GE赖以成功的基础和最大的无形资产，就是对诚信的承诺。

作为一家全球性的跨国公司，GE业务遍及世界100多个国家和地区，拥有员工31.5万人。员工的国籍也各不相同，为了规范公司的业务经营活动以及员工的行为，GE制定了《员工行为准则》。

为了切实贯彻执行《员工行为准则》，GE又制定了一整套诚信政策。政策的简要介绍印刷成册，GE员工人手一本，并每年定期签署《员工个人的诚信承诺》。政策内容涵盖了与客户和供应商的关系、与政府部门的交往、全球性竞争、GE社区和保护GE资产等方面。

GE的诚信政策，不仅要求GE员工、下属公司或其他控股关联公司遵守，还要求非控股关联公司遵守，甚至要求第三方（顾问、代理、销售代表、经销商和独立承包商）遵守。“一旦了解代表GE的第三方未能履行遵守GE政策的承诺，必须采取包括终止合同在内的一切行动。”GE把诚信扩展到了价值链上的每个环节。诚信永远比业务成果重要。这是GE的信条。

在GE众多的企业文化积淀中，诚信，是其中最重要的一条。GE有一个“诚信宣言”，其内容如下：

100多年来,GE员工创造了一份无价的资产,这就是GE公司享誉全球的诚信作风和高标准的业务准则。这项声誉是通过众多员工长期努力而建立的,体现在我们的每一项业务交易中。

今天的GE远远比以往任何时候都更加充满活力,放眼全球,更加遵循客户至上的宗旨。尽管如此,诚信作风依然是我们取得业务成功的基石——它使我们的产品和服务胜人一筹,使我们与客户和供应商能够坦诚相待,并在业务上保持长胜记录。

我们要求每个GE员工都承诺遵守我们的行为准则。GE在关键的诚信问题上制定了一整套政策,指引着我们坚守我们作出的道德承诺。GE全体员工不但要遵循这些政策的条文规定,更要实践其精神实质。

如果你对什么是正当行为准则有问题或疑虑,应立即请教你的经理、诚信疑虑受理人或通过公司的其他渠道提出疑问。无论是为了"创造业绩",还是为了提高竞争力,或者是来自上级的命令,都不能使我们在诚信的承诺上有任何妥协。

GE各级领导应担当起更多的责任,培育一种所有的业务活动均以遵守GE政策和适用法律为核心的企业文化。一旦遇到有关行为准则的疑问,应立即提出并加以认真解决。

能够在全球首屈一指的公司工作,我们深感荣幸。我们必须时刻不忘巩固和加强GE100多年来的成功基础——一丝不苟的信守诚信原则。

"诚信宣言"是GE的诚信政策。每位GE员工在加入公司时都要签署一份遵守该政策的保证。在GE,所有新员工都要参与诚信培训,这也是GE各个部门贯穿始终的举措。

一家大型公司的资深人事主管在谈到员工录用与晋升方面的尺度时说:"我不知道别的公司在录用及晋升方面的标准是什么,我们公司很注重应征者的人品。如果这个人不诚信,不管他多有才华,多么有工作经验,多么优秀,我们公司都不会雇用他。很多公司也跟我们一样,很注重一个人的品行，并且以此作为晋升任用的标准。”

诚信是做人的根本，也是做企业的根本。特别是在服务型企业，可以说诚信就是企业的生命。所以，凡是注重自我形象，期待更大发展的企业，是绝不允许自己的员工有半丝半毫不诚信的行为的，不论是对顾客还是对别人，对工作还是对生活。只要发现员工的不诚信行为，就会毫不留情地将其扫地出门，并且不会再给他们第二次机会。

有一个在中国工作的德国企业管理者说过这样一个的故事：

一次，一名在德国留学的中国学生回国应聘德国的公司。因为应聘者是从自己的国家回国的，德国管理者自然感觉很亲切，于是就详细地调查了他在德国的一切。这名留学生毕业时成绩优异，便决定留在德国。他四处求职，拜访过很多家大公司，全都被拒绝。因此很是伤心、恼火，不得已回国求职。

让这个留学生没有想到的是：这个德国管理者同样拒绝了他。留学生忍无可忍，终于拍案而起：“你们这些德国人，种族歧视竟然搞到我们国家来了，我要投诉你……”

德国管理者不慌不忙地，但是却低声告诉他：“先生，请不要大声说话，我们去另外的房间谈谈好吗？”

他们走进无人的房间，德国管理者请愤怒的留学生坐下，为他送上一杯水，然后从档案袋里抽出一张纸，放在他面前。留学生拿起看了看，是一份记录，记录他在德国乘坐公共汽车曾逃票三次。他很惊讶，也更加气愤：原来就是因为这么点儿鸡毛蒜皮的事，小题大做！

德国管理者仍然轻声地说：“德国抽查逃票一般被查到的几率是万分之三，也就是说逃一万次票才可能被抓住三次。”

这位高才生居然被抓住三次，在作风严谨的德国人看来，大概是永远不可饶恕的。

违背职业道德规范被解雇的员工通常很难再在跨国公司找到工作，因为任何规范化的跨国公司在用人的时候都会去做“外调”，一旦发现某个人是因为职业道德规范而被解雇的，没有人愿意要这样的人。所以违背职业道德规范，人品不好的人就如同是在外企这个圈子里被“判了死刑”。

诚信是衡量人品的一把尺子。这把尺子，无论古今中外，适用于所有的人。几乎所有的老板都把诚信作为评定员工的重要标准。

如果你不诚信，他人自然不会对你产生信任，反而多了几分戒心。试想，有哪一个老板愿意自己的员工不诚信呢?

当今企业的竞争不仅是经济技术的竞争，也是诚信的竞争，特别是在服务行业，诚信在市场竞争的地位越来越突出。诚信是企业的无价之宝，是企业生产经营中不可替代的“金字招牌”。诚信能为产品带来市场，为企业带来顾客，为顾客带来信心。一个企业的信誉度如何，影响到企业经营的发展和成败，在服务行业尤其如此。

1995 年 7 月 6 日，海尔广州工贸公司与潮州用户陈志义约好 7 月 8 日上门送去他选购好的一款滚筒洗衣机。那时，潮州还没有海尔的专卖店。7 月 7 日上午，驻广州服务人员毛宗良租了一辆车，拉着洗衣机上路了，到下午 2 点时，车出了问题，而离最近的海丰城还有两公里路。烈日下，小毛守着洗衣机拦了十几辆车，人家都不愿意拉，此时已是下午 3 点钟了。“不能再等了……”小毛开始在路边找绳子，他决定将洗衣机背到用户家!

烈日下的温度高达 38℃，此时的小毛还没有吃中午饭，但为了抢时间，他背起重约近百斤的滚筒洗衣机上路了，累了歇一会再走。就这样，两公里路走了两个多小时，到达海丰城时，已是下午 5 点多了，此时的他浑身上下已被汗水湿透了，又累又饿，但他做的第一件事便是打电话与销售公司联系，请他们派车来提洗衣机。

销售公司的车来了，等将洗衣机装上车出发时，小毛才想起，已有两顿饭没吃了。到达潮州时已是夜里 12 点多了，7 月 8 日一早，洗衣机准时送到用户家安装。

当用户得知毛宗良为了与自己的约定背着洗衣机而来时，被小毛这种对用户负责的精神深深感动了!

在海尔的服务中，用户满意就是标准。没有一切为用户着想的精神，纵使有健壮的体魄也不会去背洗衣机；没有企业信誉高于一切的精神在支撑，走不下来这两公里路。

海尔员工诚信服务的感人故事数不胜数。

1997 年 7 月的一个清晨，海尔洗衣机公司驻昆明售后服务站人员秦冠胜接到云南昭通市洗衣机用户刘平章的电话，请他上门服务。此时，适逢大雨滂沱，秦冠胜毫不犹豫，披上雨衣去了车站。

公共汽车在沟壑纵横的山路上颠簸了 16 个小时，夜间 11 时在距昭通市 27 公里处遇到意外险情——路前方山体滑坡造成的泥石流，把惟一通往昭通市的交通线路阻断了。公共汽车只好原路返回昆明。

秦冠胜没听劝阻，毅然下车，坚持步行前往昭通市。茫茫黑夜，风雨交加，秦冠胜经过无数次的跌倒爬起，于翌日凌晨 4 时到达昭通，考虑到用户此时正在休息，秦冠胜在传达室等候到上午 8 时才登门去为用户服务。

当秦冠胜站在用户刘平章面前时，这位早上从广播中得知昭昆线发生山体滑坡导致交通中断的汉子，感到十分意外，得知经过后，他紧紧地握住秦冠胜的手，满怀感激之情。

为了履行对用户的承诺，秦冠胜在泥泞的山路上徒步走了 4 个多小时，险些献出了自己的生命。这样的诚心，当然能感动“上帝”。用户对海尔的信任，是海尔人用自己的真诚和诚信换来的，它是谁也拿不走的宝贵财富，也是海尔能成为国际知名品牌的关键所在。

“诚”字怎样写？海尔集团的领导做了一个很好的解释：一个“言”字加一个成功的“成”字，就是“诚”，要让说出的承诺兑现，付诸实施，并要见成效。

员工的诚信之所以为企业和组织所看重，是因为个人的诚信直接影响到企业和组织的诚信。企业诚信，靠企业的管理制度、经济实力维持，更靠具有诚信品质的员工去实现。诚信是一个系统工程,需要全体员工的积极参与。没有诚信的员工,就不可能有诚信的企业。有时候,哪怕只有一个员工、甚至只是一次偶然的失信,对企业所造成的负面影响都可能是无法挽回的。

企业的诚信,不但要求我们企业从领导入手,从经营战略上入手,更要求我们广大员工人人参与,从一点一滴做起,对于一个企业来说不是靠一两个人就能打造诚信,而是需要我们广大员工都能做到诚信,从本职工作中打造。

3. 文明服务,提升服务质量

要文明服务、优质服务,首先要增强服务意识,转变服务观念,强化服务措施作为突破口,要从服务质量、服务手段、服务内容、服务态度、服务环境等方面入手,提高优质文明服务的整体水平。

服务意识是指企业全体员工在与一切和企业利益相关的人或企业的交往中所体现的为其提供热情、周到、主动的服务的欲望和意识。即自觉主动做好服务工作的一种观念和愿望,它发自服务人员的内心。

服务意识有强烈与淡漠之分,有主动与被动之分,这是认识程度问题,认识深刻就会有强烈的服务意识;有了强烈展现个人才华体现人生价值的观念,就会有强烈的服务意识;有了以公司为家、热爱集体、无私奉献的风格和精神,就会有强烈的服务意识。

文明服务,需要强烈的服务意识,还需要爱心。只有对顾客、对工作、对企业、对岗位的无限热爱,才是真正掌握了文明服务、微笑服务的精髓,全面提升服务质量。

在北京西站"036"候车室工作的王凤莲则是将自己的一份激情燃成了一盏爱心之灯。

西客站是全国最大的火车站,每天人员来往量大,王凤莲的工作既多且杂,按照她的说法就是:"在车站,有困难的旅客只要看到身着铁路制服的人,就像看到了‘救星’。”

每年春运的时候,是全国人民都开始忙碌的时候,而最忙碌的就莫过于在铁路线上的服务人员了。作为全国最大的火车站——北京西站的优秀乘务人员,全国劳动模范王凤莲更是忙得脚不沾地。

有一年,她在候车大厅发现一位农民打扮的老大爷脸色蜡黄,一个劲儿地用手捂着肚子,不时发出一阵阵呻吟,头上已经沁出了不少汗水。王凤莲赶上前去询问,老大爷只说了“肚子疼”就支持不住,一头栽倒了。王凤莲连忙联系同事找来担架将老人送去最近的医院急救。老人身上没有带够钱,是王凤莲自掏腰包将医药费先给垫付上去。等老人病好了能出院了,他身上剩下的钱却连买张车票都不够,又是王凤莲帮他补足了车票钱送他上了火车……

还有一次,王凤莲值夜班,一个在候车室发呆的女孩引起了她的注意。经验告诉王凤莲,这个可能是离家出走的孩子,便给她买来夜宵,主动与她攀谈。4 个小时后,女孩终于向她透露了实情,原来真是离家出走的孩子。经过王凤莲的一番细心、温情地开导后,女孩终于释然地让妈妈来接她回家。

据不完全统计,她工作的这些年来,前前后后为困难旅客提供帮助401000余次,帮助 1.3 万名旅客平安出行,共计收到表扬信 1000 多封,就连锦旗也有 115 面。在她看来,哪里有旅客需要,哪里就应该有良好的服务。

要文明服务、优质服务,一定要有一颗博大无私的爱心,对顾客、对人民无私的爱。员工要树立一种爱岗敬业的服务精神,要有文明诚信的服务观念,要有乐于助人、无私奉献的服务精神,才能真正开展优质服务。

山东蓬莱市出租汽车司机杨春就是一个文明服务的模范,他对乘客像春天般的温暖,对工作像蜜蜂一样勤奋。

车身干干净净,玻璃一尘不染,座套崭新如初。“师傅,你这车是新的吧?”当这名乘客得知自己所乘坐的出租车并非新车时，十分惊叹于杨春出租车的整洁车容。

衣服熨得平平整整，笑容时刻挂在脸上。人如其名，见到杨春，就让人有种春风拂面的惬意。“出租车就是一个平台，可别小瞧它的作用，它可以让人觉得很温暖，但也会让一个人的情绪变得很糟糕。”杨春说他把自己看得很重要，所以他时刻注意着自己的一言一行。

“想听歌曲吗？要什么风格的？”为了让乘客感受到高质量的舒适服务，杨春还自费在车里安装了DVD和高级音响，在他看来，对很多乘客尤其是需要长时间坐车的旅客来说，情绪烦躁在所难免，而放一些好听的音乐解乏又解闷，“人车都要精神点儿，这会给乘客带来好心情，而这种好心情会相互感染，想想这些，我就觉得自己很有成就感。”轻柔的音乐中，杨春的话语让人心生温暖。

“师傅，我有急事要回家，可身上没钱了，能回家再付款吗？”在北关路一家超市前，一名乘客焦急地询问着。“没关系，上来吧。”杨春笑着答道。又过了一会儿，一位老人要乘车，他主动下车搀扶。

“谁没有个需要帮忙的时候啊，咱干这一行见得多，也得管得多，毕竟这社会还是很需要热心肠的。”杨春说，像这样需要帮助的乘客他经常遇到，忘记带钱了，喝醉酒了，小孩迷路了……每次他都尽自己最大努力让乘客满意。“他是我们的哥中的‘活雷锋’，我们要向他好好学习！”他的同事们对他的热心肠也都赞不绝口。

熟悉杨春的人都知道，他是有名的“仙境活地图”、“的哥导游”。几名乘客要乘他的出租车去烟台，他通过攀谈得知他们是来蓬莱的游客，话匣子就打开了：“你们知道关于蓬莱的传说吗？”这是他的招牌式询问语。见大家都比较感兴趣，他便兴高采烈地介绍起来……

在杨春看来，作为一名在拥有国家5A级景区的旅游城市内跑出租的司机，单单能熟知交通路线还远远不够，还要做一名好“导游”，把人间仙境的美丽和谐带给每一位来蓬莱的游客。“我就是一张名片，尽管力量很微小，但尽力总比不努力好。”

这就是温暖的杨春。

对一个企业来说，服务意识不仅仅是第一线做服务和销售的员工所需要的，也应该是财务、采购、人力资源、工程维修、安全等职能部门甚至是高层管理者所必备的。换句话说，企业的全部员工都应具有强烈的服务意识，而这恰恰是大多数时候被大多数企业员工所忽略的，其中包括为数不少的企业管理人员。

客户至上，服务为本，已经成为越来越多的企业的发展方向。对员工而言，都应具备强烈的服务意识，以“为客户提供更好的服务”作为自己工作价值的提升标准，充分利用自己的五官去感知，提高自己的服务意识，让自己服务的客户达到最大程度的满意。

你的服务意识有多少，就会得到多少回报。如果你一点都没有，或是一点也不肯付出，工作散漫，以自我为中心，甚至孤傲自大，那么企业怎么会把这样一个“毫无服务意识”的员工留在企业里呢？

而一个重视服务，不断改善服务品质，提高服务质量的员工总是更能得到上司的重用，升职与加薪的机会也会增加，自己的人生之路也会越走越宽。

4. 微笑服务，促进服务升级

当前，在全国服务行业都在开展微笑服务，打造文明服务窗口，促进企业服务升级，这对于广大员工而言，也是大展身手的机会。为人民服务，为客户服务，为顾客服务，礼仪服务、微笑服务、诚信服务是新时代服务的新内涵。

对服务行业来说，至关重要的是微笑服务。微笑服务并不意味着只是脸上挂笑，而应是真诚地为顾客服务，试想一下，如果一个营业员只会一味地微笑，而对顾客内心有什么想法，有什么要求一概不知，一概不问，那么这种微笑又有什么用呢？因此，微笑服务，最重要的是在感情上把顾客当亲人、当朋友，与他们同欢喜、共忧伤、成为顾客的知心人。全国劳模李素丽就是微笑服务、文明服务的典范。

李素丽从1981年开始在北京市公交总公司做公共汽车售票员，在平凡的岗位上，十几年如一日地用真诚的笑脸、热情的话语、周到的服务、细致的关怀给乘客们创造了温馨、文明的出行氛围。

李素丽售票台旁的车窗玻璃，一年四季进出站时总是敞开的。“这样我可以更好地照顾乘客。”即使下大雨，她也要把车窗打开，伸出伞遮在登车前脱掉雨衣、收拢雨伞的乘客头上。

她的车上设有方便袋，遇到堵车，就拿出报纸、杂志让乘客看一会儿，缓解焦急情绪；看到有人晕车或不舒服想吐，她会赶紧送上一个塑料袋；遇有不小心碰伤的乘客，她的小药箱里有创可贴；售票台的抽屉里还备有一个小棉垫，这是特意为抱孩子的乘客准备的，小棉垫垫在售票台上，让孩子坐在上面。

“礼貌待客要热心，照顾乘客要细心，帮助乘客要诚心，热情服务要恒心。”这是李素丽为自己订的服务原则。“多说一句.多看一眼。多帮一把.多走一步；话到、眼到、手到、腿到、情到、神到。”这是李素丽对自己工作的要求。

李素丽被誉为“盲人的眼睛、病人的护士、乘客的贴心人、老百姓的亲闺女”，获得了全国五一劳动奖章，被评为全国劳动模范、全国三八红旗手、全国杰出青年岗位能手、全国职业道德标兵。

李素丽为她的岗位感到自豪。她说：“是它给了我每一天都能向他人奉献真情的机会。让我每一天都感到充实。”“如果我能把这十米车厢、三尺票台当成为人民服务的岗位，实实在在去为社会作贡献.就能在服务中融入真情，为社会多增添一份美好。即便有时自己有点烦心事，只要一上车，一见到乘客，就不烦了。”“我会永远用自己的真情和奉献同大家一起走向明天。”

如今李素丽在北京市公交总公司服务协调处负责“公交李素丽服务热线”的工作。她带领同事们以“衣着整洁仪表美，热情周到服务美，和蔼可亲心灵美，敬业爱岗精神美”的“四美”为服务标准，努力为市民出行提供优质服务，热线开通仅一年多，接到的电话总量就接近100万件，得到了市民和外地乘客的表扬，成为公交服务的品牌。出色的成绩使她的团队被全国妇联评为全国巾帼文明示范岗，被北京市总工会授予首都劳动奖状。

美国一家百货商店的人事经理曾经说过，她宁愿雇佣一个没上完小学但却有愉快笑容的女孩子，也不愿雇佣一个神情忧郁的哲学博士。一个营业员怎样给顾客提供一流的微笑服务呢?

1.要有发自内心的微笑

对于顾客来说，营业或是服务人员硬挤出来的笑还不如不笑。有些商店提出“开发笑的资源”，强求营业员向顾客去笑，甚至鼓励或要求营业员回家对着镜子练笑，这都是不明智的做法。

南航海南分公司全国青年文明号“含笑”乘务组的乘务员小艳常说：“优质服务就是要对待旅客像家人一样，给他一个家的感觉，而家在每个人心中应该是快乐的，温暖的。旅客快乐了，我们也快乐。而我们快乐是为了给旅客带去快乐，追求旅客满意最大化就是我们的目标。”

事实上，她也是这样做的。很多乘坐过她所在航班的旅客，都对她热情周到的服务赞不绝口，她经常收到旅客的点名表扬卡，曾经在一个航班上就收到了40多张表扬卡。

微笑，是一种愉快的心情的反映，也是一种礼貌和涵养的表现。营业员并不仅仅在柜台上展示微笑，在生活中处处都应有微笑，在工作岗位上只要把顾客当作自己的朋友，当作一个人来尊重他，你就会很自然地向他发出会心的微笑。因此，这种微笑不用靠行政命令强迫，而是作为一个有修养、有礼貌的人自觉自愿发出的。唯有这种笑，才是顾客需要的笑，也是最美的笑。

2. 要排除烦恼

一位优秀的女服务人员脸上总带着真诚的微笑。一次与人聊天，朋友问她："你一天到晚地笑着，难道就没有不顺心的事吗？"她说："世上谁没有烦恼？关键是不要也不应被烦恼所支配。到单位上班，我将烦恼留在家里；回到家里，我就把烦恼留在单位，这样，我就总能有个轻松愉快的心情。"

若是营业员们都能善于做这种"情绪过滤"，就不愁在服务岗位上没有晴朗的笑容了。

营业员遇到了不顺心的事，难免心情也会不愉快，这时再强求他对顾客满脸微笑，似乎是太不尽情理。可是服务工作的特殊性，又决定了营业员不能把自己的情绪发泄在顾客身上。所以营业员必须学会分解和淡化烦恼与不快，时时刻刻保持一种轻松的情绪，让欢乐永远伴随自己，把欢乐传递给顾客。

3. 要有宽阔的胸怀

营业员要想保持愉快的情绪，心胸宽阔至关重要。接待过程中，难免会遇到出言不逊、胡搅蛮缠的顾客，营业员一定要谨记"忍一时风平浪静，退一步海阔天空"。有些顾客在选购商品时犹犹豫豫，花费了很多时间，但是到了包装或付款时，却频频催促营业员。遇到这种情况，营业员绝对不要不高兴或发脾气，应该这么想："他一定很喜欢这种东西，所以才会花那么多时间去精心挑选，现在他一定急着把商品带回去给家人看，所以他才会催我。"在这种想法下，营业便会对顾客露出体谅的微笑。

总之，当你拥有宽阔的胸怀时，工作中就不会患得患失，接待顾客也不会斤斤计较，你就能永远保持一个良好的心境，微笑服务会变成一件轻而易举的事。

4. 要与顾客有感情上的沟通

微笑服务，并不仅仅是一种表情的表示，更重要的是与顾客感情上的沟通。当你向顾客微笑时，要表达的意思是："见到你我很高兴，愿意为您服务。"微笑体现了这种良好的心境。

微笑文化是一种力量，是一种魅力，也是促进服务升级，提升服务质量的重要措施。作为工作在服务一线的广大员工而言，保持微笑，开展微笑服务是非常重要的。

5. 打造品牌，树立服务新形象

这是一个品牌的时代，不管是城市、企业、产品、服务还是个人，都需要品牌。因此，打造品牌非常重要。

要搞好文明服务，优质服务，就要打造自己的服务品牌，树立服务的新形象，这样才能真正把服务推向一个新的高度，也让自己树立起了自己的服务品牌。

张秉贵，1918 年出生于北京，只在一所贫民学校上过半年学，11 岁时便到纺织厂当了童工，17 岁到北京德昌厚食品杂货店当学徒。那时的规矩，学徒除了每天站 10 多个小时的柜台外，晚上还要给掌柜的捶腿，给老板娘看孩子。新中国成立后，人民有了自己的商业系统。1955 年秋，新建的北京百货大楼开张并招聘营业员，规定年龄在 25 岁以下，36 岁的张秉贵前去应聘，因有多年的经商经验被破格录取。

张秉贵刚上班的时候，还受过去一些旧商人陋习的影响。一位顾客要买两块桃酥，张秉贵嫌他买得少，没有理睬，而去接待购货多的顾客。那位被冷落的顾客向北京百货大楼提了意见，同事们也批评他。他辩解说："我多售货，是想为国家多创造些财富，有什么不对？"经过北京百货大楼耐心细致的思想工作，张秉贵认识到：人民是国家的主人，要为国家服务怎能不先为人民服务呢？他说："我们售货员要胸中有一团火，温暖顾客的心，树立全心全意为人民服务的思想。"

北京百货大楼当时是全国最大的商业中心，客流量大，加之物资相对匮乏，顾客通常要排长队。一次，有两个女顾客悄悄评价他"服务态度还行，就是动作太慢"。张秉贵便下决心苦练售贷技术和心算法，终于练就了“一抓准”和“一口清”的过硬本领。后来他又发明了“接一问二联系三”的工作方法，即在接待第一个顾客时，便问第二个顾客买什么，同时和第三个顾客打招呼，做准备。他在问、拿、称、包、算、收6个环节上不断摸索，接待一个顾客的时间从三四分钟减为一分钟。他还注意研究顾客的不同爱好和购买动机，揣摩他们的心理。为使说话亲切动人、言简意赅，他又自学了语言学。

由于张秉贵全心全意为人民服务，1957年他被评为“北京市劳动模范”；1978年他被北京市授予“特级售货员”称号；1979年他被国务院授予“全国劳动模范”称号，成为商业战线上的一面旗帜，当选为党的十一大代表，第五届全国人大代表。他出名后，许多单位邀请他去表演、讲课，作过100多场正式报告，听众达10多万人次。他亲自传授技艺的徒弟也有25个，有的徒弟后来也成了全国五一劳动奖章获得者。

张秉贵树立起来的服务品牌一直到现在仍然是响当当的。要树立起服务品牌，打造崭新的服务形象，员工要注重个人仪表，端正服务态度。每天上班提前到岗打扫卫生，营造一个宽松整洁的办公环境。上班时间着装整齐，仪态端庄，挂牌上岗。按时登陆评价器，接受群众的评议。自觉加强业务学习，提高自身修养，改善服务方式。认真接待好每一位顾客，以“来有迎声，问有答声，走有送声”的服务原则，努力让服务对象高兴而来，满意而归。

江西吉安市郊区供电公司城北营业厅的一名普通的营业员高艳，就是这样一位迎来送往却永远微笑、真诚服务的典范。高艳的主要职责是受理客户新装、增容、变更用电、投诉举报、故障报修、业务咨询与查询、收取电费和办理其他用电业务等，业务很忙，服务对象也很多。但她一直按照供电企业“服务理念追求真诚，服务内容追求规范，服务方式追求高效，服务形象追求品牌，服务品质追求一流”的要求，用心做好供电窗口服务工作，勤勤恳恳，兢兢业业，赢得了广大客户的广泛赞誉，也得到了应得的荣誉——先后被吉安供电公司授予吉安供电系统“十佳服务之星”称号和“五星”级营业员。

作为一线的窗口人员,在柜台前,高艳每天都要接待众多性格、爱好、职业不尽相同的客户。让每一位客户都感受到真诚、温心的服务,让每一位客户都满意并不容易,但她一直以此为目标,不断改进和修正自己的工作方法和服务态度,不仅注重自己的仪表和言谈举止,始终做到微笑服务,用熟练的业务知识、技能为广大电力客户提供优质、方便、规范、真诚的服务,同时还从细节上、从小事中注重对客户的关心和照顾,比如在雨天给前来缴费的客户准备一把备用伞;妥善地保管好客户交电费时落下的物品并积极联系,及时送到客户的手中……尽管只是一些琐碎平淡的小事,但就是这一件件琐碎的小事赢得了客户的心,打造出了一流的服务品牌。

服务无止境,把每一件简单的事做好就是不简单,把每一件平凡的事做好就是不平凡。“工作苦一点、累一点没什么,只要群众满意、单位满意、社会满意,我就有价值了”、“对于成绩我永不自满、对于困难我永不畏惧、对于工作我永不放松、我会以饱满的热情迎接每一天”,规范、优质的服务是高艳心中永远追求的目标,每一时,每一刻,她总是朝着这一目标积极努力地工作着。

在文明服务创建活动中,一大批基层员工正在以无私的工作态度和忘我的敬业精神在自己平凡的岗位上默默无闻,无声无息的奉献着,为自己所从事的事业付出满腔热情,这样的人值得我们去学习和赞扬。上海八佰伴公司的营业员郭强就是这样一位品牌明星。

1977 年出生的郭强,是上海第一八佰伴有限公司 7 楼家电商场音响部 JBL 专柜营业员。

郭强时刻以马桂宁、邵开平等劳模为榜样,将自学所获得的专业知识和业务技能休同顾客为本的服务理念相融合,全身心地投入到为顾客服务的实践中,创建了“买音响,找郭强”的服务品牌，创响了“业务服务一流，职业道德高尚”的个人特色，坚持走学习型、技术型、专业型的道路，经营业绩在商场中名列前茅，“电话预约，上门调试；套件音响，上门安装；商品咨询，有问必答”——这是郭强的服务承诺，他用自己的实际行动体现了“售前仔细询问，上门察看；售中仔细介绍，主动参谋；售后包教包会，终身服务”的服务风格。赢得了广大消费者的认可和推崇，并先后被评为“一百”集团先进工作者，“一百”集团十大服务品牌，1998 年度“上海市三学状元”，2001 年度上海商业服务品牌，2002 年度上海市总工会“双十佳”职业道德标兵；其所在的 JBL 专柜也被团市委命名为上海市“共青团号”柜组，2004 年“郭强班组”被评为“全国青年文明号”；“上海市劳动模范”称号。

像郭强这样处在服务第一线，默默地贡献着自己的汗水和辛劳、宁愿“辛苦我一人，幸福千万家”的员工大有人在。其中做出了非凡成就，成为全国服务标签、劳动模范的人也在不少数。他们是我们广大员工的榜样，每一个员工都要向他们学习。

2003 年启动的创建“全国用户满意服务明星”活动，是由中国质量协会、中华全国总工会、全国妇联、全国用户满意工程联合推进办公室共同举办的，活动旨在以人为本，推动企业构建和不断完善卓越的服务管理系统，培养和打造卓越的服务人员，为客户提供卓越的服务，创造卓越的经营绩效，使服务企业更具竞争力，促进服务业整体质量的全面提升。每年都会从全国评选产生百名服务明星。这项活动也为广大基层服务人员打造了一个展示自我的一个新的平台。无数的服务明星和劳动模范也用自己的成绩和荣誉再一次地证明了做一名普通员工同样大有作为。

岗位平凡不是借口，工作普通也不是理由。不管在什么样的岗位，做着什么样的工作，只要认真努力地去做了，把工作放在心上，把顾客当成上帝，尽心尽力、忠诚敬业地对待工作，再平凡的岗位也一样可以闪出异彩，再普通的工作也能成为你赢得喝彩的舞台！

第六章　创先争优，建功立业，在平凡的岗位上实现自我

宋代苏轼在他的《上两制书》中说："古之圣贤建功立业，创先争优，兴利捍患，至于百工小事之事皆有可观。"不管在什么样的岗位，不管做什么样的工作，不论"百工小事"，皆可大有作为，都可创先争优，建功立业！

1. 创先争优，立足本职建功立业

在全国上下全面开展“创先争优”活动之际，各地工会组织也积极行动起来，在全国企业中广泛开展了创先争优、建功立业的活动，企业员工也积极加入到这项活动中来，为企业的发展、为自己建功立业积极行动。

四川省长宁县宜宾富源发电设备有限公司，在创先争优活动中，凝聚党组织力量，提升企业文化，加大科技投入，积极应对后金融危机，企业发展驶入快车道。

凝聚组织智慧，提升创先争优理念。在创先争优活动中，进一步凝聚员工智慧，形成科学发展共识。公司党员庄严承诺争当创业发展先锋和爱岗敬业先锋。同时，面向党员、员工广泛征求制约公司发展瓶颈、发展方向等建议30余条，调动党员开展创先争优积极性。

创新管理机制，提升企业文化张力。结合创先争优活动，进一步完善公司“敬业、团队、创新”的企业文化理念，凝聚“诚信、精益、做强、向上”的价值观念。创新载体，进一步开展行业岗位作风整顿，打造企业员工形象，公司管理实现了制度化、程序化、规范化。建立和完善奖惩激励机制，发扬主人翁精神。优秀员工享有科技进步奖、劳动模范奖等年度特别奖和不定期奖外，还可以享受相应的培训及晋升机会，极大地激发了广大员工争先创优、建功立业的热情。

争先创优是敢创一流的勇气，是永不懈怠的精神，也是勇往直前优良传统的具体表现。具体到一个地区、一个部门、一个行业、一个岗位、一个员工，就是要以争先创优的精神，立足本职工作，勇创一流业绩。改革开放以来，许多地区在全国竞相发展的浪潮中脱颖而出，快速发展，关键就在于不甘平庸，勇于争先。上世纪80年代，深圳作为经济特区，抓住机遇，以只争朝夕的紧迫感，在全国改革发展过程中创造了一系列第一，形成了“深圳速度”，成为中国改革开放成果的象征。90年代，张家港人团结拼搏，负重奋进，自加压力，敢于争先，形成了“张家港精神”，成为全国的一面旗帜。实践证明，没有争先创优的精神和勇气，就不可能创造一流业绩。而有了这种精神，这种勇气，不管在哪里，都一样可以做出过人的业绩。

在测井数据处理这一普通岗位上，只有“文革”期间高中毕业学历的吕幸端先后自学了高等数学的《微积分》、《偏微分》、《常微分》、《场论》等，自学了计算机系统理论，并参加了全国测井行业第一台计算机和胜利油田第一台专业计算机的验收和使用，以及具有中国自主版权的计算机测井软件研究等多项“重量级”科研课题。为了使国内测井技术紧瞄国际发展前沿，他又先后参加了国家863项目“生储盖综合评估系统”、胜利油田重点科研课题《胜利测井分析工作站3.0》攻关任务等，成为一名身揣“绝技”的“知识蓝领”。一次，他在主持国外引进的SIRREA测井软件的技术验收，软件价值数百万美元，他用一己之长查出了外商提供源程序中的三处较大错误，并与外商据理力争，迫使外商副总裁从美国休斯顿飞过来，予以了更正和补偿，维护了油田的合法权益，也为中国石油工人争了口气……

同样，初中肄业的陈景世，用了几年时间已自学完大学本科机械专业的全部课程，他能够使用得游刃有余的三维计算机设计技术，即使在胜利油田众多科班出身的工程技术人员中也没有几个。

如今，全国劳模陈景世、“中华技能大奖”获得者中吕幸端、“全国五一奖章”获得者程海鹏、“金点子大王”张学木等昔日一个个油渍斑斑的名字，正成为10多万胜利石油人心目中实实在在的“工人明星”、“创新巨星”！

“要追星，就追他们！”在油田工会举办的“咱们工人有技术才能更有力量”电视演讲会上，7位演讲者的字里行间多少次提及的都是自己身边的这些“技术大腕”！

谁说拿惯了扳钳的蓝领工人不能当“教授”？陈景世、吕幸端等成了单位抢手的“香饽饽”，应邀到其他单位巡回讲座，传授自己多年如一日自学成才、岗位创新的经验经历，起到了传经送宝的示范效应。

在河口采油厂，流传着一段“桥吊专家”与“创新能手”喜结师徒的佳话。张学木是河口采油厂采油三矿的工人技师，近年来参与研究了多次技术革新成果，并有两项成果取得国家专利，一项成果获省职工技术成果一等奖和全国三等奖。在与许振超一起赴京领奖期间，他深为许振超身上新时期产业工人的创新精神所鼓舞，回来后主动向厂和油田工会提出联系拜许振超为师的意愿。经两级工会联系接洽，没过多久，张学木一行赶赴青岛港，正式拜许振超为师。后来，许振超又专门来到河口采油厂回访了“技术创新能手”、“得意弟子”张学木，为石油工人们上了生动的一课。

王学强、朱玉雷、王旭东、唐守忠、孙汉军……一个又一个“黑金”一样深厚的名字，朴素得宛如三角洲上迎风而立的红柳，坚韧，执著，勇往直前，成为胜利人眼里比地下的“黑金”更宝贵、也更骄傲的“当代工人名片”。

2005 年底，胜利油田历史上首批 6 名“技能大师”浮出水面，更引人注目的是，陈景世、吕幸端成为油田的绝无仅有的两名“首席技能大师”，其待遇相当于副总。

一个在胜利油田，日渐壮大的“知识蓝领”群体，大步流星地走上了新时代的“创新高地”，展示着他们建功立业的风采。

争先创优表现在实际工作中，就是要增强改革创新意识，把发展作为第一要务，立足本职工作，兢兢业业，争先创优，创造一流业绩。具体到每个党员每个员工身上，就是要坚持埋头苦干，不事张扬，狠抓落实，形成重实际，说实话，干实事，求实效的良好风气，真正做到每项工作都有部署、有检查、有落实、有成效，每项任务都不说则已、说了就干，不抓则已、抓就抓成，不干则已、干就干好，以实实在在的成效来体现和保持共产党员的先进性，极大地激发广大党员和员工投身于创先争优活动中去，在自己的岗位上建功立业、谱写辉煌。

2. 创建“工人先锋号”，引领员工创先争优

“工人先锋号”活动并不是一个新名词。20多年前，就有部分省市和企业开始开展这项活动。

1984年，为有效开展劳动竞赛，北京公交公司工会结合公交系统流动、分散的行业特点大胆创新，在北京市总工会的大力支持下命名了第一批“工人先锋号”车组，从此在全国开了争创“工人先锋号”活动的先河。

无独有偶，天津市也于1984年正式启动“工人先锋号”创建活动，起源于传统服务行业，如“手表先生王玉成”、“8路公交车队”、“津门时传祥环卫中心”，等等。

多年来，创建“工人先锋号”活动，有效调动了广大职工的积极性、主动性和创造性，取得了很好的效果，在社会上产生了良好反响。实践证明，开展创建“工人先锋号”活动，有利于激发职工热爱本职、钻研技术、创新管理、提高效益的工作热情和创造活力，有利于岗位成才；有利于发挥我国工人阶级在国家经济社会发展中的主力军作用，推动广大职工建功立业；也有利于促进和谐劳动关系、和谐企业、和谐社会建设，实现共建共享，推动经济社会又好又快发展。

如在北京公交集团，迄今共有60条线路和170个车组被分别命名为“工人先锋线路”和“工人先锋号”。20多年来，该集团有4人被评为全国劳动模范，13人荣获全国五一劳动奖章，150人被评为省部级劳动模范。用集团公司领导的话说：“‘工人先锋号’不仅是市场经济条件下劳动竞赛的有效载体，更是职工身边的标杆、旗帜，在引领、示范、提高职工队伍整体素质方面起着很重要的作用，是提升职工素质和培养劳模先进的摇篮。”

正是为了使这项活动更加深入地开展，充分发挥工人阶级在实现科学发展和构建社会主义和谐社会中的主力军作用，2007年8月30日，中

华全国总工会召开电视电话会议，部署深入创建"工人先锋号"活动，进一步明确和规范了"工人先锋号"的授予和管理，并要求在全国职工中迅速掀起创建"工人先锋号"活动的高潮。

如今，随着创建活动的推进，"工人先锋号"正逐渐成为一张闪亮的企业"名片"，也成为广大职工建功立业的一个有效的载体。

"工人先锋号"，是指全国各类企事业单位中为推动经济社会发展做出突出贡献，并具有时代性、先进性和示范性的车间、工段、班组。开展创建"工人先锋号"活动，能够促进职工热爱本职、钻研技术、创新管理、提高效益，能够不断发展工人阶级的先进性。为此，企业广大干部职工以创"一流工作、一流服务、一流业绩、一流团队"为主要内容，以创"金牌服务、高效管理、优质效益、一流工作、和谐团队"为主要目标，激发自身工作热情和创造活力，在本职岗位上创造一流成绩。

"工人先锋号"是职工争先创优、建功立业的载体。每一个职工在创建过程中都会有自己的成就，在集体的成功中收获自己的成绩。

近年来，各级工会把创建"工人先锋号"活动作为各项劳动竞赛的载体，在广大职工中广泛开展"创建工人先锋号，建功立业促发展"竞赛活动，引导广大职工为经济社会发展建功立业，取得了良好成效。

如青岛市工会在开展创建"工人先锋号"活动中，先后召开现场推进会20多场次，并把胶州湾海底隧道工程、海湾大桥、青岛大剧院、董家口新港区等20余项重点工程作为市级劳动竞赛直接考核的重点项目，13万职工积极参与，促进了建设项目又好又快推进。

市总工会还在职工中广泛开展"我为企业献一计、帮助企业度难关"合理化建议、技术革新、发明创造等活动，7000多项职工创新革新项目和10万多条合理化建议创直接经济效益7.98亿元。此外，各级工会组织大力开展岗位练兵和技术培训活动，针对不同的区域和行业重点培养打造出了20多个"工人先锋号"样板。目前全市524个市级"工人先锋号"、510名"工人先锋"，16个省级、17个全国"工人先锋号"，充分发挥了示范带动作用，引领全市职工为经济社会发展做出积极贡献。

一个企业集体或班组成长为一个“工人先锋号”的集体是经过全体职工的共同努力才获得的荣誉，因而他们也就更加具有典型榜样和示范的作用和功能。

各级工会在全国范围内开展了“当好主力军、建功‘十一五’、和谐奔小康”活动和“我为节能减排做贡献”活动，开展以培养“技能型职工”和强化“精细管理”，提高“职工综合素质”作为重点，紧紧围绕创新技术、加强管理、提高服务、提高技能、促进节约等开展劳动竞赛，鼓励职工立足本职，赶学先进，争创一流，多做贡献。围绕安全生产开展“增强职工的消防安全知识，提高职工的自防自救能力，确保安全生产”为主题的“安康杯”劳动竞赛；围绕提高员工技能素质开展“优秀服务员”、“青年岗位能手”、“红旗操作手”等劳动竞赛；围绕发挥基层工会组织开展的“当好主力军，建功十一五”、“和谐奔小康”、“先进班组”、“同舟共济保增长、建功立业促发展”、“金点子”、“节能减排”等劳动竞赛。坚持做到“开展一项竞赛活动、推出一批优秀人才、规范一种操作和制度、树立一面旗帜”的竞赛效应。全面提高职工荣誉感和凝聚力，为创建“工人先锋号”工作提供动力基础，让广大职工在通过创建活动建功立业。

“工人先锋号”活动更是在全国掀起了一股学知识、比技能的热潮。2008 年 4 月，中华全国总工会首批命名了 1055 个全国“工人先锋号”，各省、自治区、直辖市、全国产业工会命名的“工人先锋号”有 5221 个。

三峡工程、青藏铁路、奥运工程、载人航天、首次月球探测……每一个重大工程里，无不凝结着职工的智慧和汗水，同时也成长起来一大批优秀工人，许振超、李斌、孔祥瑞、王洪军、窦铁成 ……“劳动光荣、知识崇高，人才宝贵、创造伟大”已经成为时代最强音，广大职工在轰轰烈烈的社会建设的大潮中也收获了自己的成功。

“工人先锋号”是一面旗帜，不仅聚集着众多“先锋”队员，而且焕发出强大的凝聚力和感召力，以创一流素质、一流工作、一流服务、一流业绩、一流团队为内容，充分发挥“工人先锋号”的榜样激励作用，使广大职工都自觉主动，坚守岗位，多干工作、干好工作，争当“先锋”队员，建功立业。

3.建设青年文明号，做青年员工先锋模范

青年文明号活动是共青团组织为适应建立社会主义市场经济体制的要求、服务全党全国工作大局而实施的跨世纪青年文明工程的一项重要内容，目的在于引导广大职业青年弘扬良好的职业道德，创造一流的工作业绩，为推动经济与社会的协调发展做贡献。1994 年 4 月，江泽民总书记为“青年文明号”亲笔题词，极大地鼓舞了全国广大青年。

“青年文明号”是共青团为激发青年人“创业、创新、创优”而创建的一个品牌活动。是指以青年为主体、在生产、经营、管理和服务上创建的体现高度职业文明，创造了一流工作成绩的优秀青年集体(班、组、队)、青年岗位(岗、台、车、船、站、所、店)和青年工程。“青年文明岗”活动是在创建青年文明号活动中开展的一项以岗位以倡导职业道德和职业文明为核心，以岗位建设、岗位创优为重点，以先进典型为导向的群众性竞赛活动。

多年来，全国亿万青年员工积极投身这项活动中，取得了令人瞩目的成就。

> 据统计，自 1995 年开始至今，仅广东省中山市已经产生 2000 多个青年文明号创建集体，涌现出全国级青年文明号 23 个，省级青年文明号 48 个，市级青年文明号 350 多个。争创青年文明号已经成为中山市各级团组织引导广大青年弘扬职业文明、创造一流工作业绩、推进和谐中山建设的有效载体，产生了巨大的经济效益、社会效益和人才效益。涵盖交通、卫生、税务、工商以及重点建设工程、企业生产一线等 28 个行业战线，

多年来，这项活动坚持精神文明重在建设的方针，通过拓展领域、丰

富内容、加强管理、完善机制等切实措施，取得了广泛的认同，产生了极大的综合效益，呈现出蓬勃的发展态势。目前，活动在 30 多个行业、500 多万个青年集体中展开，涌现出全国青年文明号 3000 多个，省级青年文明号 20000 多个，地市级青年文明号 11 万多个。

2061 号车组是兰州公交集团第二客运公司 31 路“百合花”女子精品线的全国“青年文明号”车。15 年来她们用奉献诠释着人生的真谛，把汗水挥洒在车厢，营造安全舒适的乘车环境，把关爱献给乘客，温暖着千万乘客的心田。同事们亲切地称她们为“精品线上的带头人”，乘客们热情地称她们为“永远盛开的青年文明百合花”。1990 年 2061 号车被团中央、建设部命名为国家级“青年文明号”车组；1995 年起连续四年车组乘务员李娟被评为“优秀共青团员”；1999～2001 连续三年被评为出席集团公司的“优秀共青团员”；2005 年又被评选为兰州市第五届“十大杰出青年”；2002～2004 年车组驾驶员周雪梅被评为出席集团公司的“先进生产者”；2005 年被评为出席集团公司的“优秀共产党员”、“十大女职工标兵”等荣誉称号；2006 甘肃省五一巾帼奖；2007 年“十佳服务明星”光荣称号。

实践证明，青年文明号活动有效地把握了职业道德建设的本质规律和内涵特点，开辟了新时期加强职业道德建设的崭新途径，成为精神文明建设尤其是职业文明建设中的一道绚丽的风景线。数以万计的员工也在创建活动中找到了自己的位置，成为广大员工中的佼佼者，成为员工的模范，时代的英雄。

浙江丽水莲都“阳光”供电营业厅继荣获全国“巾帼文明岗”荣誉之后，该营业厅紧接着又被光荣地授予全国“青年文明号”称号。莲都供电营业厅的“阳光天使”们再一次挥洒属于自己的阳光青春，在平凡的岗位上谱就电力优质服务的绚丽篇章。

莲花因其“出淤泥而不染，濯清莲而不妖”花之君子品格令世人赏识有加。无独有偶，莲都供电局的“莲文化”孕育了一大批优秀的伢儿。莲都供电营业厅不仅继承了该局“责任、感恩、进取”具有莲电特色的企业文化理念，还处处将其发扬光大。

一次，一位客户在办理业务时，不慎把装有5000多元现金、1只数码摄像机和重要文件的提包遗忘在了柜台，当他返回寻找失物时，公号为67101044的营业员应婷将提包完好无损归还给了失主，失主激动地连连致谢。

炎炎夏日，福利院收到60多台社会捐赠的空调，因用电容量不够，空调几乎成了摆设。该营业厅得知情况后，本着特事特办的原则，简化流程，积极参与协调，在最短时间内为福利院的老人、儿童们通上了电，让他们用上了空调。

如今，营业厅珍藏着来自客户的一面面锦旗、一封封感谢信、一条条感谢语无不诠释着该营业厅对“责任、感恩、进取”文化理念的深刻解读。

莲都供电营业厅从一开始，就有意识地把行风建设和优质服务工作寓于优质服务品牌的建设之中。通过在全局广泛征集和提练，“阳光服务”最终被确定为该营业厅传承国网公司价值观、实践“四个服务”宗旨、展示莲都电力形象、传播供电服务文化四项职能于一体的服务品牌，并于2008年正式对这一品牌成功实施了工商注册。

莲都供电营业厅也因此得名莲都“阳光”供电营业厅，而营业厅的姑娘们也被当地广大电力客户和老百姓称呼为“阳光天使”。

在建设青年文明号的过程中，青年文明号这个集体中的所有员工也得到了相应的荣誉，他们以创建青年文明为平台，书写了自己闪亮的青春，也成为时代青年的榜样和先锋，引领着当代青年员工不断地从优秀向卓越进发。

4. 积极解决问题，争做专家型员工

在我们的工作中，总会遇到各种各样的问题，我们所面对的问题，复

杂程度不一。简单的问题，可能不费吹灰之力就能找到答案，但较为复杂的问题，就没有那么容易。这时，要想把问题弄个水落石出，必须抓住已有线索不放，多问几个为什么。追根究底、顺藤摸瓜，对听到、看到的问题以“打破沙锅璺(问)到底”的精神，坚持不懈，直到问题得到解答。

在工作中，称职的员工能够将自己的思维从“是什么”转换到“为什么”，随时从不寻常的事物中发现问题，并能够拿出合理的解决方案，继而成为企业不可或缺的专家型员工，实现自己的人生价值。专家型员工窦铁成就是这样一位善于解决问题的员工。

一个只有初中文凭的普通工人，通过自己不断的努力学习和进取精神，成长为一名电务高级技师，并为所在单位培养出众多优秀的工人。他，就是当代工人楷模、中国铁一局电务公司的专家型员工——窦铁成。

窦铁成生于陕西渭河的一个农家。1979 年，23 岁的窦铁成终于圆了一个美梦，步入了中铁一局电务公司电力工人的行列。他暗暗发誓：一定要当一名好电工。

1980 年 9 月，窦铁成以优异的成绩考取了局电力技术培训班。他兴奋地写信告诉妻子，让妻子承担起一切家务，自己要专心学习。窦铁成对学习执著令人钦佩，他认准的路，不论有多艰难，都坚定不移地朝前走，不言苦，不回头，只有始点，没有终点。不断更新知识，追赶时代，永立潮头，是他的显著特征。在 28 年高度流动分散、工作生活异常艰苦的环境中，他从未放松过对电力新知识的追求，以只争朝夕的精神，在知识海洋中孜孜以求，完成了由实干型、技能型向知识性工人的跨越。

窦铁成常说：“我没有文凭，但我不能没有知识！”为掌握多技能，窦铁成自学了许多与电力相关的专业书籍。为当一名知识渊博、技能高超的合格电力工人，窦铁成又开始自学与电力相关的诸多大学专业书籍。他只有初中功底，要读懂弄通大学课程其艰辛令人难以想像。有时为了理解一个公式，他经常求教于比他年龄小上二十几岁的大学生。身边的大学生时常被他的精神所打动，在他的虚心好学精神的熏陶下，逐渐地这些大学生们也跟着窦铁成一起注重学习起来。工友们说："这么多年，老窦没有看过一部完整的电视剧，他把时间视为知识，几乎把晚上的时间都用在了学习上。"

1999年，单位财务部门配备上了办公电脑，一下引起了窦铁成的好奇。他请求财务人员说："你把钥匙给我，晚上我给你看守办公室，我要学电脑，一举两得。"就这样，46岁的窦铁成每晚钻到财务室里，从辨认一个个字母，掌握一个个功能开始，练打字、写总结，钻研CAD制图软件。一个个不眠之夜的磨砺，终于使窦铁成练就了直接用电脑设计绘制各种电力技术图纸，成为中铁一局3万名工人中掌握电脑绘图的第一人。

窦铁成还是一名买书、读书、爱书的书迷。参加工作近30年来，窦铁成买书就花了近万元，积攒了3大箱子几千册书。窦铁成把这些书当作生命的一个组成部分，工作流动到哪里，书就跟着搬到哪里。工友们打趣地说："老窦对他那些书，比对老婆还亲！"

2002年，贯通我国南北的大动脉（北）京珠（海）高速公路开始施工。这条线路施工难度很大，被国际上称为"最具挑战性的山区高速公路"项目，窦铁成被点将前去增援。看到那么多精密的外国设备，他像是发现了宝贝，心情兴奋异常。时值冬季，粤北山区同样寒气袭人，窦铁成带领大家就住在没门没窗，水泥地面尚未铺好的变配电所里。

为了尽快掌握外国设备的性能和原理，窦铁成及时和设备供应取得联系，查阅资料，对照说明书边学边干，很快完成了安装任务。就在交工送电前的空载实验时，意想不到的故障忽然出现了：一个变压器开关不断跳闸。在场的所有人员不知所措，将焦急的目光一齐投向了窦铁成。窦铁成沉着冷静，翻开图纸、对照安装图，查故障、测电流，可故障还是排除不了。业主来人，一口咬定：设备是国际最先进的，可能是施工出了问题。

夜深人静，窦铁成一个人拿着工具爬上走下，测数据、翻图纸，可那个隔离开关似乎故意和他作对，还是一次次地跳闸，刺耳的声音如同扎在了窦铁成的心里。经过数小时的检测，窦铁成终于找到了问题所在，业主邀请的法方专家乘飞机从外地赶来，急忙询问原因，窦铁成通过翻译说明了情况，那专家直摇头："不可能，我们的产品很精密。有问题？不可能！"窦铁成不急不躁，详细解释了检查测试调整的全部经过。那专家将信将疑，连拍带照，接着亲自检查测试、反复核对，最后他折服了，冲着窦铁成竖起拇指："你太伟大了！"

窦铁成以他高超的技能所体现的自信，不仅解决了问题，在洋专家面前展示了中国工人的风采。

2006 年 11 月 18 日，是窦铁成最得意的日子。他亲率两名徒弟参加陕西省电力线路工职业技能竞赛，结果，赢得团体第一，并包揽了个人前三名。而他本人，被大赛组委会授予"状元"称号。

窦铁成还是陕西省电力工技能大赛的状元，带出的高徒包揽了全省前三名，获团体冠军。28 年间，他为企业培训青工、大中专生 180 人，将知识与技能毫无保留地传授给了 300 多名工友；培养的徒弟 35 人成为技师、5 人为高级技师，被大家尊称为"工人教授"。

要有效解决问题，一定要从问题出发，问题解决的关键就在于不停地问"为什么"。

在丰田公司的改善流程中，有一个著名的"5 个为什么分析"。丰田技术中心前副总裁冈本雄一认为，丰田公司产品发展制度的成功秘诀在于：公司有一个非常复杂的新产品发展技巧——"5 个为什么"，就是问 5 次为什么。

丰田生产系统采用了对付某种故障的五步曲来寻找问题的症结，防止和杜绝该故障的再次发生。

公司对出现的各种问题和事故一不批评、二不惩罚、三不扣

奖金,而是对责任者追问5个为什么。例如,面对一台出现故障的机器,管理者与操作者进行了这样的对话:

问:机器为什么停了?

答:超负荷,保险丝断了。

问:为什么超负荷?

答:轴承润滑不够。

问:为什么润滑不够?

答:油泵吸不上油。

问:为什么吸不上油?

答:油泵轴承磨损松动。

问:为什么磨损松动?

答:没有安装过滤器,混进了铁屑。

问完了5个为什么,事故的原因也水落石出了。于是,企业决定举一反三,全面安装过滤器,同样的故障就被杜绝,问题得到了彻底解决。

善于发现问题,并能把问题消灭在萌芽状态。防患于未然的人,这才是真正的高素质的员工,这样的员工才能成为企业的专家员工,首席员工。

有些员工却并不明白解决问题对于自己和企业的意义,他们总是习惯把问题推给别人或是老板,不仅让自己失却了起码的责任心,也错失了从问题中激发自己的潜力、在发现问题中成长、在解决问题中成为专家的机会。这样的员工,不仅难以有所作为,更有可能连工作的机会也失去,就像下面这位小李。

一家公司的老总新聘了一位秘书小李。这天,小李接到一个电话,马上跑到老总的屋里说:“马总,客户打电话催促发货呢!”

“噢?合同规定的交货期到了吗?”

“还没有呢!”

贺总皱了皱眉头:“那你应该告诉他,我们会按合同交货的。”

“好的！”小李跑了出去。

可是过了一会儿，她接到一个电话，又到贺总的屋里说：“对不起，贺总，我还得打扰一下。广州那家客户说我们发的货有两箱在路途中受损，要求退货呢！”

贺总不耐烦地问：“这种事以前是怎么处理的，知道吗？”

“知道。应该同意退货。”

“知道还来问我？”

小李脸红了。可是过了不多一会儿，她又怯怯地敲开贺总的门：“对不起，贺总！我还得再打扰一下。打印机坏了。”

贺总火冒三丈：“什么？难道你想让我帮你修打印机？”

“不！我不是这个意思。我的意思是……”

“不管你是什么意思，这种事不要来烦我！”贺总打断她的话。

其实，这位小李想说的是，因为打印机坏了，贺总要她当天完成的本季度销售报告可能不能按时打印并上交。

但贺总没有给她机会让她说，第二天，就解聘了她。

这样的员工，相信不仅仅是贺总，所有的企业、所有的老总大概都不可能热情地把她留下。工作中遇到问题时，要明白这是自己分内的事。能够解决问题，就有更多发挥潜能的机会，同时也能建立起自己的职场信誉和形象，让自己在问题中不断成长，最后成为解决问题的专家。你别不相信，许多专家型员工甚至专家都是这样成长起来的。

华菱衡钢的首席专家谢凯意就是一个在解决问题中成为的专家。现在他被誉为“衡钢油套管开发的第一人”，曾多次被国家冶金工业部评为冶金产品标准化工作先进个人，先后3次获评湖南省技术创新先进个人，2008年被评为全国钢铁工业劳动模范，2010年又光荣当选为全国劳动模范。

1987年走入衡钢的谢凯意，除掌握大学所学的金属压力加工专业知识外，对钢管生产工艺还一无所知。为尽快熟悉岗位要求，他一头扎进资料堆和企业图书馆中，以“空杯”的心态迅速吸纳国内外各类钢管生产标准，发现问题就解决问题。在不断地发现问题和解决问题中，他逐渐从一名技术员、工程师、高级工程师成长为华菱衡钢首席专家，也成为了全国钢管标准化委员会委员和全国石油管材标准化委员会委员。

2000 年以前，华菱衡钢的油气用管生产还寥寥无几，为实现企业第一轮结构调整的目标，谢凯意带领技术人员从研发第一根油管光管开始，一直到油管、套管、管线管、钻杆管四大品种产品全线“开花”，谢凯意成功开发出了所有的石油管新品种，其中包括 API 所有钢级的油套管、射孔枪管、抽油杆管、隔热油管、直连型小套管、钻杆管、拥有自主知识产权的 HSM 特殊扣、抗酸性环境用管线管以及采用直接热轧工艺开发的 X65 管线管等。近年来，他个人就申请了国家专利 7 项，为提升企业的行业竞争力做出了巨大贡献。

2007 年，随着天然气井的大量开发，特殊扣成为钢管市场一块新兴的“开垦地”，华菱衡钢决定尽早开发并抢占这块市场。为此，谢凯意又一次勇挑重任，带领团队埋头研发具有衡钢自主知识产权的第一代特殊扣 HSM－1，一直到 2008 年，产品研发取得成功。华菱衡钢生产的首批 360 吨 HSM－1 特殊扣在中亚顺利下井，实现企业历史上特殊扣生产“零”的突破。

作为企业首席专家，他不远万里多次与国内外各大油田进行技术交流，并深入油田现场，了解客户的具体技术要求，积极宣传企业的新产品，先后与大庆、胜利、四川、克拉玛依、塔里木、长庆、辽河等国内各大油田客户签订了供货技术协议。在严峻的市场形势面前，谢凯意通过技术营销为企业开辟市场撕开了一道道“口子”，企业当年销售特殊扣突破 1 万吨，采用抗硫材质生产的 HS110SS HSM－1 特殊扣油管在国内介质环境最恶劣、油井最深的塔里木油田成功下井，下井深度达 6550 米。

谢凯意没有陶醉在每一次攻关成功带来的喜悦中，为满足油田恶劣开采环境的需要，在 HSM－1 的基础上，2009 年谢凯意开始自主研发衡钢第二代特殊扣 HSM－2 并取得成功，该扣型密封性能、连接强度更高，适用于深井、超深井、大弯曲井等工况环境更加恶劣的气井。2009 年对谢凯意而言，是成果颇为丰硕的一年，他开发的 13Cr 接箍料管填补了衡钢生产高钢级不锈钢管产品的空白。他主持开发的新产品使衡钢高技术含量、高附加值（简称“双高”）产品产量从 2000 年的 4 万吨提高到 2009 年的 30 万吨，增长了 7.5 倍，这些“双高”产品不仅为企业创造了巨大的经济效益，而且有效节约了各类原材料资源，促进了企业可持续发展战略的深入推行。

问题是成长的摇篮，问题是提升自己的机会。我们的技能、经验、技巧、方法都是在不断地解决问题中积累的成熟的。所以，一个善于去解决问题的员工，一定可以成为一个专家型的员工。

5. 不断学习进取，勇当金牌员工

社会主义建设是一个庞大的工程，却正好成为广大员工拼搏进取、建功立业的广阔天地。无数产业工人正是在这个广阔天地里成长为技术专家，成为了企业里的明星员工、金牌员工，收获了自己的辉煌人生。

蒋绪忠是中国石油天然气集团公司吉林石化公司的分析员，一个喜欢刻苦学习、努力钻研的人，平时遇到技术问题，他都不放过，勤于思考、广学多问，尽力用完美的方式方法解决问题。

2006 年，蒋绪忠参加“中央企业职工技能大赛分析竞赛”。大赛前夕，相关单位组织了封闭式培训。进入培训基地不久，蒋绪忠就感觉到自己的实力和兄弟公司的员工之间存在差距，于是，他自我加压，积极主动向别人请教。

他白天在实验室反复操作演练，在大量的练习中查找出误差产生的原因，认真揣摩每个动作的细节；晚上光线不够无法做实验，他就在灯下学习理论直到深夜，很多次都是捧着书入睡；当别人回家休息时，他还是坚持学习，连上下班坐车都在看书、背规程。他仅仅在练习中一滴一滴用去的水就有一吨半之多，试纸用去了500多盒。于是，参加培训的同事们都戏称他为“蒋（讲）学习”。

有志者事竟成，苦心人天不负。这位“全国技术能手”、“全国青年岗位能手”战胜了来自70个单位的144名精英，获得了总分第一的骄人成绩。

如果你现在的“个人成就记录”上仍然是一无所有，一片空白，那不要紧，不要担心，也不要忧虑，只要去努力付诸学习，即便现在是“零级”，不断学习，努力拼搏，经过脚踏实地的知识和经验积累，也一样可以成为金牌员工、明星员工。

天津港股份有限公司煤码头分公司操作一队队长兼党支部书记的孔祥瑞，从一个原本只有初中文化的工人成为拥有150多项大大小小的发明和创新成果、为企业创造效益8000多万元的高级技师，获得全国五一劳动奖章，被评为全国劳动模范、全国优秀共产党员。

1972年，初中毕业的孔祥瑞被分配到天津港码头当工人。开了十几年门式起重机后，他参加了职工大学的考前培训班。那时孔祥瑞已经是值班队长和技术骨干，为了不耽误工作，他在参加培训的第三天毅然放弃了培训的好机会，又返回到工作一线上去。

虽然短暂的求学经历停止了，但孔祥瑞的求知欲望更加强烈。他把岗位当做课堂，把生产实践当做教材，把设备故障当做课题，把身边拥有一技之长的工友当做老师，勤奋学习、努力探究、刻苦钻研。

为了学习，他找来设备资料，一页一页地学，一项一项地啃，不明白的查参考书，不懂的找别人问，一直到弄懂搞熟；为了学习，他总是随身带着书，为的是从天津市区的家赶往港口的路上可以能看书学习；为了学习，他养成了记工作日志的习惯，每天携带着小本子，积累资料、总结经验……

岗位上的奋力钻研，学习上的刻苦努力，使孔祥瑞逐渐成长为一名专家。他成功发明了专用于港口门机维修的“新型顶升支座技术”，将门机修复时间缩短为 9 个小时；他成功创造了“门机主令器星形操作法”，使门机每钩作业节省时间 15.8 秒，平均每天多干 480 吨的活；他带领队里骨干攻克了门机中心集电器频频发生短路的技术难题，用万向轴取代了卡榫式连接，解决了不同心易损坏的痼疾，被专家论证为“从全新的角度解决了门机中心集电器的故障隐患”；他成功完成了翻车机摘钩杆的改造，每年节省卸车时间 1800 小时，多接卸列车 65700 节，接卸原煤 3200 万吨；他在原耐磨板上加装用钢板制成的网格，实现了耐磨板的“零更换”，每月即可节约材料费 3600 元，节约维修时间 9 小时，而且避免了维修工的高空作业……

作为现时代的知识型工人，作为一名在岗位上自学成材、勇于创新的“蓝领专家”，孔祥瑞当之无愧。在他看来，“可以没有文凭，不可以没有知识。生产实践这个大课堂，照样培养人。”

“学习”可不是光指接受学校教育或钻研书本，学历不等于知识，没有学历的人可以出人头地，但没有知识的人一定不会成龙成凤，很多人只看见了成功的人们没有受过高等教育，却忽略了他们在艰难的人生历程中、在社会大学所锻炼出的优秀品质与再学习经历，而这些历练所带来的知识与经验，才是他们可以高人一等的根源所在。

无论是大学毕业，还是没上过学，无论曾经学过何种专业，都要不断创造机会去学习。不仅仅是去课堂参加学习，不仅仅是积极参加公司的业务培训，包括与“贩夫、走卒”的交流体验，包括对商场政界事件的个人模拟分析，包括对自然万物的细微观察，都是不断提升自我的途径。在学中干，干中学，在实践中不断提升自己，让自己不断成长，成为祖国最需要的人才。

“是知识的力量支撑我走到今天。”四川广旺集团公司水泥分公司经理谢才龙如是说。参加工作时仅仅是个初中毕业生，但在20多年的职业生涯中，他坚持每天利用1小时以上的时间读书，坚持每月至少看一本书，现在已被西南科大聘为客座教授，被授予全国劳模荣誉称号。

1982年，谢才龙在广旺矿务局宝轮院煤矿当了一名煤矿掘进工人。作为一个求知欲望非常强烈的人，谢才龙不像别人那样将学习仅仅当做晋升的手段，而是把学习视为人生所需，视为人生的乐趣，只有学习才能带给他快乐和充实。

因此，即便是劳动强度非常大的井下工作期间，他也是想方设法借来高中课本，一边工作一边自学补习。矿工生活的艰苦是可想而知的，下班回来，很多人最大的愿望就是酒足饭饱之后好好地睡一觉。但谢才龙却不是这样，无论多苦多累，他都在晚饭后钻进自己简陋的书房学习，一直学…… 于是，4年里他自学完成了高中课程，两年半的时间就以优异成绩完成了原西南工学院水泥专业的学习。他还通过自学考试参加了省委党校经济管理本科课程和西南科技大学机械设计制造与电气自动化本科课程，又利用一年的周末参加了MBA高级工商管理研修班的学习……

谢才龙爱读书，但绝非死读书，而是活读书，读活书。他善于将所学的知识灵活运用到工作中去，广学多用，依凭知识获得工作的持续发展：多年来，他平均每年就有2～3项被省、市、集团公司以上认可的科技成果，一项课题成果获得了四川省科技进步三等奖，两项科技成果获得国家专利。

因为谢才龙的突出表现，他被破格晋升为工程师，成为集团公司上下公认的水泥行业专家。

限于工作所需，很多人都不能脱产学习，谢才龙的经验是，对绝大多数人来说，最现实可行的就是在工作中学习："其实，在工作中学习是一个很好的方法。工作中遇到的问题，就是学习的最佳时机，在实践中带着问题学，不仅能解决问题。还能进一步弄清背后的原理. 这要比脱产学习的知识更牢固，也更实用。这样日积月累下来，就会有很大的提升。学习的方法很多。三人行必有我师，不耻下问，学以致用，急用先学，广泛涉猎等等都是很重要的。”

1989年，19岁的郑久强从唐钢技校毕业，分配到唐钢一炼钢厂转炉车间。虽然工作环境苦、脏、累、险，但“一走进车间就心无杂念，炼好钢是唯一的念头，也是最大的享受”。热爱炼钢职业的他就暗下决心：“学一流炼钢技术，做一流炼钢工人，出一流工作成绩。”

炉前工是技术很强的工作，要目测钢水温度。炼钢过程中温度在1600～1700摄氏度之间，而出钢温度判断误差不能超过5摄氏度。郑久强一炉接一炉地盯，学习根据钢水颜色判断温度，一个班下来，眼睛被刺得生疼，又红又肿，但郑久强坚持了下来。

1989年，在全厂技术大比武中，他获得优良成绩，入厂一年就成为二助手。1993年，23岁的郑久强被破格提拔，成为唐钢历史上最年轻的炉长，打破了“培养一名炉长最少需要10年的纪录”。

炼钢工人苦、累、脏、险，上班归来，极为疲劳。但郑久强无论如何辛劳，也要挤出时间学习。一般人闲暇时刻打牌、下棋，娱乐的时间他却用来读书。

他从走上岗位开始就决心做一名钢铁行业的“知识蓝领”。在用了3年时间完成河北理工大学钢铁冶金专业的学习之后，又开始攻读东北大学冶金工程部专业的本科。

普通而单调的工作——配料、摇炉、看火焰、测炉温、辨成分……16个春秋就这样悄然而逝。但持续的深造和学习，却让他在自己平凡的岗位上取得了令人敬佩的成绩——他创立了三计算、二控制、四观察的“三二四”炼钢操作法，结束了唐钢一钢厂50多年来完全靠经验炼钢的历史；他的十几项技术改革，创造出了上亿元的经济效益；他撰写的《磁选钢渣在150吨转炉冶炼上的应用》、《转炉炼钢的脱硫》等论文发表后，在同行业引起了较大的反响，许多单位按照郑久强提出的理论进行实践后，都不同程度地提高了工作效率；他是唐钢历史上最年轻的炉长；在唐钢 60 多年历史上仅有的 16 名“唐钢功臣”中，他也是年龄最小的一位……

“在别人眼里，学习是一件苦事、对我来说却是一种乐趣，是学习让我攻克了一个又一个难题。”

从技校毕业生到全国技术能手，从普通工人到炼钢操作专家，郑久强走出了一条成功之路。他成为唐山钢铁股份有限公司第一轧钢厂炼钢炉长，全国青年岗位能手、全国技术能手，获得全国五一劳动奖章、中国青年五四奖章，被誉为“华夏第一炼钢工”。

这一切的取得，和郑久强热爱学习、自主学习、勤奋学习的精神和行动是无法分开的。

蒋绪忠、孔祥瑞、谢才龙、郑久强的成功告诉我们：只要立足本职，努力学习，不断充实自我，提升自我，就能实现个人的人生价值，才能赢得同事、业界、领导的交口称赞。即便没有高学历，没有丰富的文化知识，但只要付出努力，勤学苦练，激发自己的学习力，也能像他们一样走上成功之路，成为蓝领的骄傲，成为企业的明星员工，行业的专家员工。

6. 拼搏进取，农民工也一样大有作为

随着市场经济体制改革的推进，我国在城镇务工的农民数量急遽增多，根据有关资料，目前我国离开户籍所在地半年以上，进入城镇在二、三产业打工的农民约有 1.2 亿人，甚至已经超过国有和集体企业的员工总数。农民工正在成为我国产业工人队伍的主力军。每年农村外出劳动就业时间平均为 8 个月，全国异地劳务经济总量超过 5300 亿元。这些农民工分布在建筑业、餐饮业、商业以及工业企业、运输企业、物资回收、修理

服务等服务性的产业中。完全可以记，农民工已经成为我国工人队伍的重要组成部分。

农民工和所有的产业工人一样，不管在什么样的单位，不管做什么样的工作，只要努力、只要进取，只要奋勇拼搏，一样大有作为。

被阳光晒成紫红色脸膛的黄明坐在讲台上，认认真真地给讲台下的农民工兄弟讲课。黄明是一位出色而平凡的农民工。1987年，他打着赤脚走出巴蜀的大山深处，用几十公斤大米换来了一张火车票，带着初中没毕业的那点“墨水”，加入了中国建筑农民工的团队。

在2002年以前，黄明的身份仅仅是中建五局三公司一个农民合同工。但是，公司从来没有忘记他们，“在中国建筑这样负责任的国企中，农民工一样出人才，农民工一样有前途！”在课堂上，黄明朴实的语言掷地有声。确实，在公司的培养下，黄明取得了十分骄人的成绩。1992年7月，黄明在公司光荣加入中国共产党；1996年当选为公司第三届职工代表，成为公司历史上第一位农民工职工代表；1999年被中建五局三公司评为技术员职称，曾多次获得公司先进个人、青年标兵等称号。

一分耕耘一分收获。黄明的出色表现得到了政府和各界的广泛认可。他于2008年“五一”劳动节期间被中华全国总工会授予“全国五一劳动奖章”，被湖南省政府授予湖南省劳动模范称号。在目前省总工会开展的“劳模精神伴祖国同行——新中国成立60周年湖南最具影响劳模评选”活动中，黄明成为32名劳动模范候选人，并在网上投票中获得近百万张的选票。

一个普普通通的从农村走出来的新时代的工人，一样可以做出骄人的成绩。其关键就在于他自强不息，拼搏努力。

事实证明，只要努力进取，不断努力，农民工一样可以做出不平凡的业绩，一样可以在自己平凡的岗位上建功立业，成就自己。中铁电气化局集团一公司农民工巨晓林就是这样一位争先创优、在自己的平凡岗位上建功立业的典范。

“说一千道一万，不如扑下身子干。”这是巨晓林经常说的一句话。曾经与巨晓林同在一个班组劳动，现任项目党工委书记的吴军庄动情地介绍说：“巨晓林师傅干一行、爱一行、钻一行、专一行，工友们没一个不佩服他。很多时候别人都去吃饭了，他还在工地上为如何完成一个小改进苦苦思索。”

20 多年前，24 岁的巨晓林从陕西岐山县被招收到北同浦铁路的工地上，成为一名铁路电气化施工工人。

铁路电气化施工，常年野外作业，劳动强度大且技术含量高。“要干就一定要干好。”头三年，他白天蹚着师傅学，晚上捧着书本学，终于将技术烂熟于胸，仍旧不满意，总是想着肯定有更省时省力的办法，于是，研发、革新，成了巨晓林最专注的事儿。

巨晓林天生爱动脑，无论走到哪儿，身上总带着三件物品：图纸、书和笔记本。平时，他的床头总放着三个工具：字典、尺和绘图笔。巨晓林的钻研取得了很大的成功，为一线施工提供了许多实用的技术，工友们佩服地称他为“小巨人”。

“这是沾了姓巨的光。”巨晓林诙谐地表示，“我们是农民工，但不能没有知识和技能。地位高低、待遇好坏，在于我们到底能为国家、为企业作多少贡献，而不在你是什么身份。”

巨晓林只有高中学历，但技术含量极高的电气化施工让他不能退却。知识不够怎么办，买书借书自己学，在巨晓林工作居住的地方，记者看到《钣金工艺》、《机械制图》等专业技术书籍整齐地摆放在书柜里。这些书是巨晓林的宝贝，不管工地转移到哪儿，都跟着巨晓林。

提起巨晓林学技术，工友说：“每天他比别人早一个钟头起床，晚一个钟头睡觉。他的枕头下面藏着一个小闹钟，他恨不得把一天当成两天用。”

20 多年来，巨晓林记了 70 本 230 万字的笔记，能够解决接触网施工中的复杂问题，具备指导本工种高级工的能力。他被授予北京市“知识型职工先进个人”称号，巨晓林受之无愧。

1998 年，哈(尔滨)大(连)线铁路电气化改造工程，首次系统引进了具有世界领先水平的德国技术。巨晓林没有因是外国人的技术就停止革新，他发明了新的工艺，提高工效两倍以上，并且安全可靠。经专家组论证后，当即在全线推广。德国督导季马教授称赞道：“中国工人了不起！”

2006 年，技术过硬的巨晓林被安排到迁安至曹妃甸铁路参加施工建设。迁曹铁路是“十一五”国家重点工程——曹妃甸工业区建设的重要疏港铁路。这条铁路的建设对于缓解我国北煤南运的紧张形势，促进环渤海地区经济圈快速发展具有重要意义，开通后，能为国家增加工业产值 1000 亿元。因此按期完工显得格外重要。但在菱角山站接触网施工中，由于线路没有铺通成型，接触网施工没法推进，眼看工期越来越近。

“一定要搬掉这个拦路虎，为电气化施工扫清障碍！”看着大家心急如焚，巨晓林下定决心。于是，在工程技术人员的支持和工友们的配合下，巨晓林反复测量和演算。那段时间，巨晓林全身心投入到研究之中。回想当时的情景，一个工友告诉记者：吃饭时，巨晓林把筷子平放当成铁路，把饭碗扣下当成接触网基础，演演算算；晚上从睡梦中惊醒，借着月光，他跑到料库摆弄工具和测杆……

工夫不负有心人，利用巨晓林的新研究成果——“正线任意取点平移法”，工程队抢回工期 19 天。20 多年来，面对各种紧急情况和刁钻难题，巨晓林先后革新的 43 项施工方法被推广应用，另有 25 项已基本形成，只待专家评审后即可推广应用。他把实践中获得的好技术好方法，经过三年多的整理归纳，10 万字的《接触网施工经验和方法》一书终于刊印。

看了这本由一个普通农民工编印的书籍，专家们一致认为它填补了国内铁路接触网工实做技能培训教材的空白。书中，借助专业书籍中的知识，巨晓林对自己的小发明、小窍门进行说明，并自行配以图示说明，供一线工友们学习。

巨晓林话语朴实，行事低调，用自己20多年的经历证明“知识改变命运，学习成就未来”，“只要有理想、有信心、有知识、有技能，农民工同样能大有作为。”

他向人们呈现了一个自信向上的新时代农民工形象，是广大农民工的楷模。

20多年来，他把学习革新当做人生目标，以坚强的毅力，干中学，学中干，实现了从普通农民工向知识型农民工的快速转变。

现在，巨晓林已被公司聘为职工夜校的“工人导师”，还为他配备了科研助手和接触网技术指导专家，拨付了技术革新专项经费，享受着专家级的待遇。巨晓林也成了所有农民工们学习的榜样。

我们大部分的农民工都干着最苦最累的活儿，这让很多人心里都有一种自卑感，认为自己的工作没有前途，没有希望，自己也没有出路，工作只是为了吃饭，不存在什么追求，也不会有什么出息，因而工作中马马虎虎，不思进取。实际上，不管你是农民工还是城市工，是合同工还是正式工，只要努力认真地去干，把工作当事业来对待，不管什么样的工作都一样可以做出成绩，让人羡慕，受人尊重。所以，千万不要认为自己是一个农民工，就什么事都无所谓，就不思进取，不去努力，把工作当成混日子的地方，这是不利于一个人的成长和未来的。

我们要向那些优秀的农民工学习，向劳模学习，学习他们执著的事业精神、爱岗敬业的品质和勤奋努力的态度，不管在什么样的岗位，都一样勤奋、努力、认真、敬业，我们也一定可以像他们一样取得人生的大丰收——个人事业的成功和上级的荣誉、社会的尊重。

1981年，17岁的曾凡亚离开老家，进城“闯生活”，成为改革开放后第一批农民工。

2008年曾凡亚已经成为一家建筑公司的董事，中国工会十五大代表。“我的身份是农民工代表，因为我出身于农民工，公司里的员工绝大多数也是农民工，我每天和他们生活在一起，知道他们是多么期待获得学习的机会。”曾凡亚很直爽。

踏入社会后，曾凡亚干了 4 年的泥瓦匠，生活的磨砺把他加工成强壮的劳动者。“但我只会劳动，不会沟通，不会交流，不会选择，更没有多少技能。”手里握着每个月 20 多元的工资，曾凡亚觉得应该让自己的生活有一个更大的改变。

“不是说知识改变命运，知识创造财富吗？我要上学，学技能，学文化。”1984 年，曾凡亚拿出仅有的存款，交了电大进修学费，学习工业与民用建筑专业。电大毕业后，有了专业文凭的曾凡亚加入了湖北远大建设有限公司，开始带着队伍独揽工程。他参建的工程获得过“鲁班奖”，参建的首都机场 3 号航站楼是奥运工程……曾凡亚果然因知识改变了命运。

2000 年，曾凡亚去了趟日本，回来以后连着好几天吃不下饭：“日本企业里本科毕业生有至少 4 次的培训机会，可靠技能吃饭的建筑工人，特别是农民工，却很少有机会参加培训。”

10 年过去了，让曾凡亚吃不下饭的状况正在悄悄改变：国家近几年高度重视农民工的培训、就业医保、社保及住房等问题，特别是农民工的教育培训。中央财政不仅拨出专款给予专项补贴，对于农民工培训获取各种职业资格证、参加各种职称专试、自学考试，都有鼓励政策和资金补贴，并且在鼓励农民工自学成才、自主创业、岗位成才、建功立业方面，也有各种各样的优惠政策。曾凡亚再也不用担心了。

我们赶上了一个好时代，广大员工赶上了一个好时代，广大农民工更是赶上了一个前所未来的好时代！只要我们满怀热情投入工作，不断进取，努力学习新知识，不断改进工作，提高技能，让自己与时俱进，奋发图强，做一个农民工，一样可以成功，一样大有作为！

脑筋急转弯

1. 电影院正在上演恐怖片,全场尖叫,在电影院中的小英却哈哈大笑,为什么?

   她在另一家电影院看喜剧

2. 一只老鹰在空中飞呀飞,突然间下雨了,老鹰就掉下来了,为什么?

   它用翅膀遮雨,所以掉下来了

3. 什么方式可以让人保持不眨眼睛最久?

   让那个人死不瞑目

4. 电梯除了比楼梯省时省力之外,最大的好处是什么?

   万一摔跤不会一路滚下去

5. 新华书店为什么不卖书啊?

   打烊了

6. 借什么东西不需要还?

   光

7. 别人对阿丹说她的衣服扣子没扣,可她一点都不在乎,这是为什么?

   没扣

8. 三人共撑一把雨伞在街上走,身子却没有淋湿,这是为什么?

   没下雨

9. 老张为什么能够做到刷牙的同时又能哼歌?

   刷假牙

10. 吃苹果时吃出几条虫最可怕?

    半条

11. 什么东西倒立后会增加一半?

    6

12. 什么东西是属于你的，但其他人却经常用它？

名字

13. 你在什么地方总能找到幸福？

字典

14. “铁杵(棒)磨成针”的最大难点是什么？

针眼

15. 什么东西卖的价格越高越容易成交？

废品